# 受载煤体表面裂纹扩展与声电效应理论及实验研究

范鹏宏　著

应急管理出版社

·北　京·

## 内 容 提 要

本书在介绍煤的非均质结构特征的基础上，重点阐述了受载煤体声电效应规律、受载煤体表面裂纹扩展规律、受载煤体表面裂纹扩展及声电效应机理，并结合声电物理效应的现场应用，介绍了在该研究领域取得的一些进展。

本书可供从事煤矿安全、煤岩动力灾害综合监测及防治等领域的科技工作者、研究生和本科生等参考。

# 前　　言

目前我国的煤炭开采仍采用井工开采的形式，开采深度不断加大，受深部采区的地质构造、高地应力、高瓦斯及低渗透性等因素的影响，煤岩动力灾害仍是矿井主要灾害之一。煤岩动力灾害具有突发性、危害性和复杂性等特点，可靠的监测预警是有效防治动力灾害的手段。虽然声发射、直流电阻率及电磁辐射等传统和现代监测预警技术已在矿井广泛应用，但各具优劣势。区域与局部相结合、多种信息相结合、环境与人为因素干扰少、自动化集成高且连续性综合监测技术将有可能成为监测与预警的发展方向。煤岩是一种非均质多相材料，在受载破裂过程中产生的声电及光等物理现象的机理，目前国内外学者没有统一的解释，但无论是从宏观，还是从微观机理上来说，煤岩受载破裂过程离不开裂纹的扩展。

全书共6章。第1章主要介绍了受载煤岩声电参数研究现状、裂纹扩展研究现状。第2章从煤的工业分析、显微及全岩黏土矿物组分、微孔隙结构方面分析了煤的非均质结构特征。第3章介绍了实验系统、实验过程、实验结果及规律。第4章提出了基于CPTM的裂纹图像处理方法，利用Matlab图像裂纹计算识别程序，对单轴压缩下受载煤体表面裂纹扩展速度和长度进行了分析与计算，与相关研究进行了对比，获得了有效性验证。第5章分析了煤岩宏观、微观的裂纹扩展及电磁辐射产生的机理，结合焦散线实验研究了动态应力强度因子测定的可行性，从理论上建立了基于I型动态应力强度因子的单轴压缩裂纹扩展速度及电磁辐射模型，进行了有效性验证。第6章介绍了声电物理效应现场监测的矿井及工作面概况，基于双差速度场成像原理，建立了N1202工作面双差速度场成像测试基本模型，分析了采煤生产过程中及地质异常区的速度场分布演化规律，研究了工作面推进过程中电磁辐射的变化规律。

本书的出版得到了山西省高等学校科技创新计划项目（2020L0723）、阳泉市科技局重点研发计划项目（2020YF039）、山西省大学生创新创业训练计划项目（2020717）、山西工程技术学院优秀学术著作出版支持项目的资助。衷心感谢聂百胜教授、何学秋教授、李祥春副教授等给予的指导和长期以来的帮助，衷心感谢中国矿业大学（北京）、山西潞安集团余吾煤业有限公司等单位的大力支持，在此一并表示感谢。在本书的编写过程中参阅了大量的国内外有关专业文献，谨向文献的作者表示感谢。

由于著者水平有限，很多内容仍需要进一步深入研究，疏漏之处在所难免，敬请读者不吝指正。

**著 者**

2020 年 9 月

# 目　　　录

# 1　概　　述

依据"中国可持续能源发展战略"研究报告，我国一次性能源结构仍然是少气、富煤、贫油。作为一种经济型能源，在同发热量下，用煤的成本是用油的30%，是天然气的40%。在一次性消耗资源中，随着其他资源的衰竭，煤炭的比重会有所提高。到2050年在一次性能源消费结构中我国煤炭所占的比重将不会少于50%。由我国2008—2020年的煤炭产量分布可以看出（图1-1），2008—2012年是我国煤炭产量的快速发展期，2013年达到顶峰，为3.97 Gt，2016年煤炭产量跌入低谷，到2018年煤炭产量开始回升，根据我国"煤炭行业发展形势报告"，2020—2030年煤炭产量预计达到3.84~4 Gt。因此，在未来长期一段时间内，我国的重要战略物资和主要能源仍然是以煤炭为主。

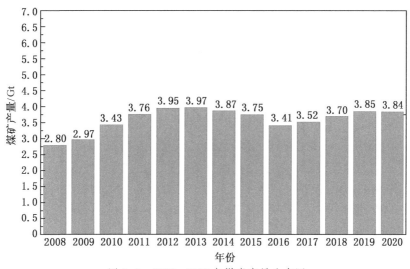

图1-1　2008—2020年煤炭产量分布图

我国目前的煤炭开采仍采用井工开采的形式，而且开采深度每年以8~12 m的速度进入深部，大部分煤矿平均开采深度已超过500 m，开采深度在1000 m以下的煤矿已经不少。由于煤矿不断加大开采深度，高地应力、高瓦斯及高温等因素都有可能导致煤矿灾害事故，而煤岩动力灾害是主要矿井灾害之一。图1-2为我国2007—2020年煤矿事故分布图，由图1-2可以看出，虽然整体上死亡事故逐年降低，但是如2017年死亡事故达到200多起，其中由动力灾害引起的顶板事故73起，死亡人数86人；瓦斯事故31起，死亡人数132人。近5年全国煤矿事故总起数1787起，死亡人数984人，煤岩动力灾害是引发事故的重要原因之一。例如，2014年3月27日，河南义马某煤矿发生的较大冲击地压事故，造成6人死亡。2017年1月4日，河南登封某煤矿发生煤与瓦斯突出事故，造成5人死亡。这些事故一直制约着煤炭工业的持续健康发展。

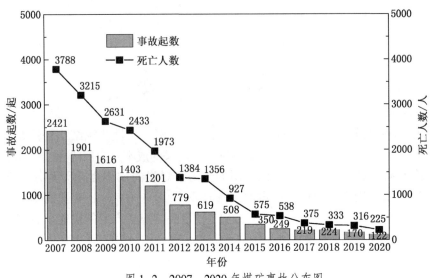

图 1-2　2007—2020 年煤矿事故分布图

煤岩动力灾害一般是指较短时间内受到外部扰动应力作用下，超出承受界限的煤岩体加速变形破裂触发动力效应而导致的灾害。其灾害范围涉及较广，对于矿井的煤岩动力灾害而言，通常包括顶板来压或塌陷、冲击地压、煤与瓦斯突出等。由于煤岩动力灾害具有突发性、危害性和研究的复杂性等特点，几十年来危害煤矿生产给监测预警带来困难。对于煤岩动力灾害的监测与预警，困难之处在于问题的复杂性和预警的准确性，经过长期的发展研究，国内外专家提出了多种监测和预警方法，传统方法有钻屑与应力法，新发展的基于地球物理探测技术的方法有声发射（AE）、微震、直流电阻率、表面电位及电磁辐射（EME）等方法。每个监测预警方法均有各自的优劣势，如钻屑法能及时掌握局部区域的煤岩体性质及采动应力等信息，但是不能形成区域连续监测，微震监测能形成区域连续监测，但是局部准确性和及时性不够，电磁辐射具备相对好的准确性和及时性，能在局部区域实施连续监测，但是受环境影响较大，而且缺乏区域监测定位性能。因此，对煤岩动力灾害的准确监测与防治是当前需要解决的世界性难题。

从目前煤岩动力灾害监测技术的发展来看，区域与局部相结合、多种信息相结合、环境与人为因素干扰少、自动化集成高且连续性综合监测技术将有可能成为监测与预警的发展方向。由于煤岩本身结构具有非均质特征，对于其在受载破裂过程中产生的声电及光等物理现象的机理，当前国内外学者没有统一的全面解释，但无论是从宏观，还是从微观机理上来说，煤岩受载破裂过程离不开裂纹的扩展。基于以上背景及前人的研究，本书围绕受载煤体破裂过程中的表面裂纹扩展规律和声电物理效应，首先从煤体的非均质结构特征入手，通过建立能同时进行声发射、电性参数、电磁辐射及裂纹扩展高速监测的实验系统，研究单轴压缩和短时蠕变过程中声电参数的分布特征，揭示分布特征背后的规律性；在实验的基础上，总结分析裂纹扩展、电磁辐射的宏-微观机理与实验可行性，从理论上探讨和构建表面裂纹扩展和电磁辐射模型；结合电磁辐射及微震监测系统，进行声电物理效应的现场实验研究。以上研究工作能够为我国煤岩动力灾害多参数综合监测提供一定的实验及技术基础。

## 1.1　受载煤岩声电参数研究现状

### 1.1.1　受载煤岩电磁辐射、声发射规律研究现状

#### 1. 电磁辐射研究现状

对于固体材料断裂产生电磁辐射现象的研究，最早可追溯到 1934 年，是由 Stepanov 通过加载卤化物晶体至断裂而记录到的电磁辐射脉冲信号。而后，苏联、中国及日本等国家从研究地震前出现异常电磁现象开始对岩石破裂电磁辐射现象进行研究。苏联 Пархоменко 及 Воларович 等学者，在 1953 年，对石英等岩石材料进行受载压电实验时，通过示波器探测发现了光发射现象。1977 年，美国学者 Nitson，基于对含有石英等压电材料的岩石进行受载破裂实验，记录了衰减射频电磁异常信号，首先提出了电磁辐射的压电效应，并认为可将这种信号规律应用于地震及煤矿开采等领域。Warwick、徐为民、李均之等学者通过对含石英等压电材料的岩石进行破裂实验，也验证得到了存在的电磁辐射现象。近代研究认为对于含有压电的煤岩材料表面产生一定电荷的原因是在外部荷载下导致的材料变形而总电矩不等于 0 的结果。但是 Stepanov、李均之、Ohnaka、Шевцов、Freund 及 Hadjicontis 等学者对非压电材料岩石进行了破裂实验，记录了电磁辐射现象，验证了电磁辐射的产生不只是因压电效应引起的。孙正江等通过对石灰岩、闪长岩（石英）等脆性岩石的单轴压缩实验，记录了电磁辐射信号，研究发现除闪长岩（石英）外，石灰岩也存在电磁辐射效应，并且发现施加应力峰值及突降区域与电磁辐射强度信号存在对应关系。Tsutsumi 通过对橄榄岩的摩擦滑动实验，发现在摩擦初期存在电位及电磁辐射信号，通过对花岗岩进行的加热单轴压缩，证明了抗压强度和电荷存在一定关系。刘煌洲等针对 16 种岩石样品，进行了匀速的单轴压缩实验，研究发现含硫化物、石英的脆性岩石电磁辐射效应强。陈国强对不同种类岩石进行了 3 种方式加载试验，研究发现在单轴加载条件下比自膨胀、三点弯曲条件下电磁辐射效应强，含有压电材料的岩石在相同条件下电磁辐射信号强。

除了压电、摩擦及斯捷潘诺夫效应对电磁辐射的产生起作用外，Ogawa、Toshio 及 O'Keefe 等学者提出电磁辐射的产生是裂纹尖端电偶极子形成的瞬变磁场起作用。Гохберг 等则提出了动电与力电效应同是电磁辐射效应的产生来源。对于动电效应，基利凯耶夫并不认同，其提出在非均匀力场作用下岩石的压缩、拉伸处分别形成的正-负电荷引起了电磁辐射效应，我国学者何学秋、王恩元等也认同这一观点。Гольд 则提出电磁辐射的产生是因为破裂岩石在裂纹面间形成的强电场击穿气体所致。Enomoto 等研究证明了受载岩石破裂过程中存在分离电荷现象。Frid 则提出了导致分离电荷的原因是裂纹扩展中化学键的断裂，在裂纹两侧形成了正-负多余电荷。而 Мирошниченко 则提出了在裂纹壁面形成的变速电荷有可能是导致电磁辐射效应的原因。Cress、Brady、钱书清等学者认为岩石破裂时瞬间强电场对空气的击穿导致了电磁辐射效应中的高频信号，而岩石破裂的带电碎片飞溅导致了电磁辐射效应中的低频信号。由于在实验中 Yamada 发现虽然记录到岩石破裂的低频电磁信号，但是并没有出现飞溅碎片现象，所以并不认同 Cress 等的观点。Перельман 等在 1993 年，提出了包括电荷错位振荡在内的 5 种电磁辐射机制。郭自强等在大量实验的基础上，提出了电磁辐射产生的原因是由于岩石的瞬间破裂导致电子离开"泡利势墙"变成自由电子，从而产生的电子发射效应。何学秋、刘明举、王恩元、窦林

名、聂百胜及李成武等通过大量多种加载状态下的煤岩和现场的实验测试,详细地研究了煤岩破裂产生电磁辐射的机制,认为包括电荷分离变速运动在内的多种机制共同作用导致了煤岩破裂产生电磁辐射效应,并将电磁辐射监测技术应用于煤岩动力灾害的防治。

2. 声发射与微震监测研究现状

20 世纪 30 年代,自美国学者 Duvall 和 Obert 等首次发现声发射、微震现象,Kaiser 基于金属拉伸试验研究了 Kaiser 效应以来,声发射与微震监测被广泛应用于机械、航空及矿山等领域。1963 年 Goodman 在受力加载岩石实验过程中验证 Kaiser 效应的基础上,对地应力进行了声发射计数的测量。Mogi 对天然地震序列和煤岩样品的声发射序列进行了研究,研究发现两者的特征很接近。Dunegan 等学者对实验室中的声发射频段进行了修正,去除了声发射背景信号的一些问题,从而使声发射技术从实验室走向工程应用领域。1986 年 Costin、Holcomb 等对脆性类岩石利用声发射技术研究了单轴加载应力与声发射事件率之间的关系。到了 20 世纪 90 年代,Rao、Ramana 等学者研究了单轴循环加载下岩石应力、微裂纹与声发射事件计数之间的分布规律。Rudajev、Vilhelm 等对发生岩爆矿井的岩石样品进行了单轴压缩实验,研究了声发射事件时间序列与应力规律,以此作为岩石破裂的前兆信息。Munster、Pestman 等在三轴压缩载荷下对砂岩进行了声发射与记忆效应研究,提出了一种损伤状态的表征方法。Labuz、Dai 等基于对岩石声发射的概率密度函数描述损伤的变化,对多孔或多裂纹材料岩石进行了研究,并提出用多个声发射信号的平均均方根值作为实时预测故障的方法。BaudlP、Meredith 等对含饱和水砂岩进行了三轴蠕变实验,研究发现无论应力水平如何,累积事件和累积声发射能量的水平相似,都会出现在变形最后阶段。近年来,Shkurtnik 等进行了煤样品在单轴压缩及三轴下应力-应变与声发射的实验,研究了应力-应变与声发射相关参数之间的关系。我国在 20 世纪 70 年代,由陈颙学者基于地震学开始了声发射岩石室内实验,并且进行了不同加载条件下的三轴实验。孙重旭、王恩元、杨永杰、张茹、刘保县、刘京红、金铃子及 Liu S M 等在煤岩单轴压缩实验的基础上,分别从应力-应变、统计学、分形理论等角度对声发射信号进行了分析。代高飞、尹光志等在基于 CT 技术的基础上,进行了脆性岩石单轴压缩实验,研究并构建了单轴压缩细观损伤本构方程。艾婷、杨永杰等对煤岩在三轴压缩状态下分别进行了声发射实验,研究了裂纹扩展与声发射之间的关系。尹光志等依据煤岩体的真实三向不等应力状态进行了煤岩的加卸载实验,研究发现了这种加载方式下煤岩的破坏方式及强度特征。Jing H W 等在双轴剪切实验仪上对含水量不同岩石进行了蠕变电磁辐射及声发射实验,研究发现在不同的蠕变阶段,含水量会影响不同阶段电磁辐射与声发射信号。杨永杰等研究了煤岩在蠕变各阶段的声发射相关参数的分布规律。龚囱等对红砂岩在分级加卸载条件下进行了短时蠕变声发射实验,研究了声发射 $b$ 值在蠕变各阶段的变化规律。

在采矿领域微震监测技术的应用已经有多年的历史。美国、加拿大、波兰及南非等国家都各自开发有不同的微震监测系统,在矿山领域进行了大量监测与研究。从 20 世纪 80 年代开始,我国分别引进了加拿大的 ESG 及南非的 ARAMIS 等微震监测系统用于煤矿动力灾害的研究。自从 Mendecki 等基于定量地震学,提出视应力、体积及平均振动指数等指标应用于煤岩动力灾害的研究,我国在这方面也进行了大量研究。姜福兴等学者将微震监测技术应用煤矿井下监测岩层、冲击地压等煤岩动力灾害方面。窦林名等基于冲击地压的微震监测信号,深入地研究了微震信号的频谱规律。潘一山等开发了首个千米尺度破坏性矿震监测定位系统，并将其应用于煤岩动力灾害的研究中。冯夏庭等将微震监测技术应用于硬岩隧洞 TBM 掘进中，研究了微震预警防治岩爆的可能性。唐春安等将微震监测技术应用于边坡稳定的研究中，并对边坡微震规律进行了定量化分析。唐礼忠等基于现场应用，研究了微震站网的优化设计。

### 1.1.2　受载煤岩电磁辐射和声发射同步监测研究现状

对于电磁辐射和声发射的同步监测，国内外也进行了大量研究。徐为民、童芜生等对花岗岩等岩石进行了单轴压缩下破裂过程电磁辐射与声发射的同时监测实验，在比较声发射率与电磁辐射脉冲时发现两者之间与应力及岩石结构无关的同步同源关系。王彬在基于单轴压缩岩石破裂声发射与电磁辐射监测实验的基础上，研究发现虽然破裂过程中声发射、电磁辐射并不是完全对应的，但是在频谱分析中发现某些频率峰值具有对应性。孙正江等研究了岩石主破裂与电磁辐射、声发射时间域上的对应关系，并发现了对于同一岩石样品其电磁辐射、声发射的主频较为接近。Sobolev 等对混凝土式样品进行了声发射及电磁辐射的同时监测实验，发现在长时间下有声发射信号，并不一定存在电磁辐射信号，但是在短时间内两者同时产生。Yamada 等进行了单轴压缩岩石破裂过程中的声发射及电磁辐射信号的同时监测实验，研究表明主破裂前，声电信号在起始时间上具有一致性。曹惠馨等对大理石等岩石在单轴压缩过程中，同时进行了声发射及长波段电磁辐射监测实验，研究发现了破裂时出现的电磁辐射信号的较低频段，并且统计了声发射率与电磁辐射率最大值在时间上同步出现的概率多于 70%。郭自强等在剪切及单轴压缩条件下对岩石破裂进行了全通道触发式电磁辐射和声发射信号的同时监测实验，研究发现声发射及电磁辐射信号分布的多样性，并且存在电磁辐射信号与微裂纹扩展不同步的现象。王恩元等研究认为在煤岩裂纹扩展过程中产生的声发射及电磁辐射不是同源辐射，裂纹扩展并不一定都导致电磁辐射信号的产生，声发射与电磁辐射的同步主体出现在煤岩变形及主破裂前。

Pralat 等研究了不同类岩石及硬煤破裂过程中的电磁辐射频谱，并且发现了不同类岩石及硬煤在破裂前声发射与电磁辐射信号的同步性。Frid 等对煤矿井下开采过程中的顶板垮落进行了低频声发射信号及电磁辐射的监测，研究发现低频声发射信号没有电磁辐射信号效果好。撒占友、何学秋等研究了煤岩破裂过程中的声发射和电磁辐射效应具有相似的记忆效应。Mori 等学者对岩石样品进行了单轴循环加载下的声发射与电磁辐射的监测实验，研究发现两种信号的幅值存在正相关关系。聂百胜、何学秋等进行了煤岩在剪切过程中的电磁辐射及声发射的监测实验，研究发现电磁辐射及声发射信号在破裂过程中的两种分布特征，并基于大量声发射及电磁辐射的监测数据，通过分形 $G-P$ 算法计算了煤破裂过程中的声发射及电磁辐射信号的时间关联维，提出了声发射事件率与电磁辐射脉冲数都具备混沌特性。杨威等在对煤岩进行单轴压缩及冲击实验的基础上，研究了微震信号与电磁辐射在能量、幅值等方面的相关性。

### 1.1.3　受载煤岩电性参数规律研究现状

对于岩石电阻率的测定最初主要应用于电法勘探领域和地震领域。1921 年法国学者施兰博格首次提出了将电阻率法应用于实际测量中。Archie 在 1942 年首次公布了他的岩石电学实验结果，提出了饱和度与电阻率方程，为定量计算岩石中的水和碳氢化合物的数量奠定了基础。对于静态煤岩的电阻率测试，Brach、Dindi 及 Lucht 等学者从温度、频率及试验方向等方面进行了有关研究。20 世纪 60 年代，Yamazaki 等学者在单轴压缩条件下对半饱和岩石试样进行了电阻率测定，研究发现电阻率会随应力的增加不断降低，并且不同岩类电阻率的变化速度不一样。Parkhomenko 等对玄武岩类等岩石进行了单轴压缩电阻率测试，研究得出在单轴应力接近峰值应力一半以下，电阻率下降 5% ~ 30%。Brace、Orange 等对岩石通过二极法研究了破裂过程中的电阻率变化特征，研究发现电阻率随应力增加出现增加-平稳-降低的趋势。Gengye、Yunmei 等对大理石、石灰岩等岩石进行了单轴压缩下电阻率测试实验，研究得到了电阻率与应力-应变在各个阶段的变化曲线，并且对这 3 个参数在各个阶段拟合出相应的经验公式。Alber、Kahraman 等通过对不同角砾岩样品单轴压缩、点荷载、施密特锤值等试验过程的电阻率测试，研究获得了单轴抗压强度与电阻率的对数关系、孔隙度与电阻率呈指数关系等一系列成果。Paul、Glover 等对不同饱和程度的砂岩，进行了三轴状态下的复电阻率的测试实验，研究揭示了裂纹闭合及裂纹扩展方向上与电阻率的关系。

基于 Brace 方法，我国学者张中天等在 1.2 kB 围压状态对含盐水和淡水的 3 类岩石进行了加载试验，研究得到了应力与电阻率的变化关系。陈大元等在单轴应力加载下对饱和度不同的花岗岩进行了电阻率测试实验，研究发现电阻率随应力增加整体上会出现增加-平稳-降低的趋势，在岩石主破裂前电阻率会出现由"应力反复"导致的负异常幅度。陈峰等学者对岩石类材料通过大量的单轴和围压加载条件下破裂过程的电阻率测试实验，不仅研究了电阻率随应力的变化关系，还研究了主破裂方向与电阻率变化方向的动态关系，提出了电阻率对主破裂方向的确定方法。吕绍林等通过对含瓦斯非突与突出煤的电性参数测试实验，研究了电阻率在不同围压加载条件下的变化特征及静载下温度、湿度、孔隙度、频率等对相对介电常数的影响，得出对电阻率的影响要比相对介电常数明显的结论。重庆煤科院对 8 种变质程度不同的 300 多个煤样进行了电性参数测试实验，研究了水分、变质程度、频率、湿度及温度等与电阻率和相对介电常数的关系。李德春等通过提高电阻率的测量精度，对包括砂岩、煤在内的十几种煤岩进行了破裂过程的电阻率测定实验，研究得到了不同煤岩应力与电阻率变化曲线。文光才等对构造煤在测试频率 1 MHz 下进行了破裂过程的电性参数测试实验，研究并提出了煤的两种导电方式，得到了应力、瓦斯压力或含量与电性参数的线性或指数关系。黄学满、康建宁等结合理论分析与电性参数测试实验，研究了瓦斯压力、应力与电阻率、相对介电常数的变化关系，认为瓦斯压力升高会引起介电常数增加，电阻率降低，对瓦斯吸附量的增加与减少也会导致电阻率的降低或升高。刘贞堂等对干燥和含水两种煤样品进行了单轴压缩下的电阻率测试实验，研究发现在破裂过程中，应力与电阻率变化有明显的对应关系。杜云贵、鲜学福等通过外加电场对煤样的电阻率进行了测试实验，研究结果表明煤化程度越高，外加电场强度越大，煤的电阻率越低，导电性越好，并且发现在外电场作用下煤的空间极化是主要的。汤友谊、陈江峰等系统地研究测试了不同种类及破坏类型突出与非突出煤的电性参数，研究结果表明，不同煤化程度突出与非突出煤的相对介电常数与电阻率具有明显差异的分布特点。刘明举、王云刚、魏建平、孟磊等对构造煤电阻率及相对介电常数，利用数理统计与回归分析进行了定量研究，研究表明煤的视密度、水分及灰分是导致电阻率变化的主要因素，变质程度是相对介电常数变化的主要因素。王恩元、王云刚、李忠辉等对冲击倾向性煤的破裂过程进行了电阻率测试实验，研究了应力与电阻率在破裂过程中的变化趋势，验证了电阻率变化对冲击地压预防的可行性。杨耸基于低频电性参数测试系统，对含瓦斯煤进行了三轴加载下的电性参数实验测定，研究和分析了不同煤质、瓦斯含量、压力，不同气体吸附对电性参数影响的变化规律。陈鹏基于 Agilent U1733C LCR 测试仪，对不同煤样品进行了单轴、分级及循环加载状态下的电性参数测试实验，研究了应力-应变与电性参数之间的变化规律和含瓦斯煤在吸附-解吸过程中的电性参数的变化规律。聂百胜、李祥春、朱飞飞、张良等基于 HIOKI 3532-50LCR 测试仪，对含和不含瓦斯煤进行了三轴加载下的电性参数实验测定，研究了应力、瓦斯及水分等对不同煤质的电性参数影响规律。

## 1.2　裂纹扩展研究现状

英国学者 Griffith 在研究大量玻璃等脆性材料的基础上，提出了基于完全弹性体的能量释放率理论，并建立了 Griffith 裂纹扩展强度准则。Irwin 等在增加塑性变形能的基础上，修正并推广了 Griffith 理论。Rice 从 20 世纪 60 年代开始，不仅提出了用于分析裂纹的 $J$ 积分概念，奠定了非线性断裂力学的基础，还在 20 世纪 90 年代提出了裂纹扩展过程中裂纹尖端与应力波的相互作用。

Mott 最早提出了极限速度观点，并首次使用定量方法对裂纹扩展理论进行了研究。Wells 及 Roberts 基于 Mott 的研究，在通过数值计算准静态扩展裂纹动能的情况下，从理论上推导了断裂极限速度。Berry 在 Mott 裂纹扩展方程的基础上，进行了进一步的修正，提出了裂纹扩展速度的修正方程。Kerkhof 等学者已经证明了 Berry 修正方程在弹脆性材料裂纹扩展速度方面的应用。Freund 等在假设扩展速度已知及裂纹扩展长度为时间函数的条件下，研究了通常荷载下的非等速裂纹发展问题，仅获得了少数简单问题的解，但是 Freund 在动态断裂力学领域做出了主要贡献，研究了变速裂纹扩展以及裂纹扩展中应力波的影响等其他问题。Kostrov 引入了震源物理理论，从理论上研究了动态变速裂纹扩展问题。

Yoffe 较早地在裂纹扩展运动方程中引入惯性力概念，并且研究了裂纹扩展速度与裂纹尖端位移及应力场之间的关系。Irwin 在 1957 年研究发现裂纹尖端的应变场及应力场是裂纹扩展过程的关键区域，首次提出了应力强度因子概念，以表征裂纹尖端区域应力场的强弱。Atkinson 等在中心裂纹 $BD$ 实验的基础上，利用边界积分方程获得了应力强度因子的解。Rose、Bake 等在给出裂纹尖端应力场表达式的基础上，研究了裂纹扩展速度与动态应力强度因子的关系。Freund 在研究裂纹变速运动扩展过程中，针对半无限大裂纹提出了动态应力强度因子为通用普适函数与定载荷瞬时应力强度因子的乘积。Kalthoff 等学者在研究动态裂纹的扩展过程中，对动态裂纹的止裂韧性及裂纹尖端的瞬时应力强度因子进行了测试，基于假设建立了动态、静态应力强度因子与裂纹速度相关的调节因子的关系。

对于动态裂纹扩展、瞬态应力强度因子及动态应力强度因子的实验观测，由于裂纹扩展过程中，裂纹的瞬时速度对传播路径及时间的不确定性，导致要想形成高精度的观测目前还比较困难。现在较为常用的观测方法有金相应力波检测法、电阻栅格测定法、Wanner Lines 测定法、高速摄像技术和全程光路法。

金相应力波检测法主要利用高频波对表面裂纹产生扰动来获得波纹图像的波长和已知的波频率对比来确定裂纹扩展速度。采用抑制高频波衰减的超声波传感器后，可测量的裂纹速度最小值为 0.02 m/s，最大值为 2000 m/s。Kerkhof 利用此方法测量无机玻璃的极限速度，并提出成分对测量的影响。

电阻栅格测定法是在裂纹扩展路径上布置栅格导线，通过裂纹扩展切断导线产生的电信号来确定裂纹扩展的速度及位置。Cottere、Paxson 及李玉龙等采用该方法测定了有机玻璃等材料的裂纹扩展速度，谢其泰测定了单轴压缩过程中砂岩的裂纹扩展速度。

Wanner Lines 测定法是利用裂纹扩展过程中产生的剪切波的相互作用在断裂表面形成波形特征线来确定裂纹的扩展速度。Anthony、Hull 及 Field 等采用此法精确地测量出裂纹的扩展速度，但由于速度的确定依赖于几何关系，过程较烦琐。

高速摄像技术和全程光路法主要利用高速摄像机完全记录裂纹扩展的过程信息，结合全程光路法中的云纹干涉法、全息干涉法、光弹法或焦散线等方法来确定裂纹尖端的应变及应力场等的信息。光弹法主要适用于透明材料，高速摄像技术、全息干涉法和焦散线对透明及不透明材料均适用，应用范围较广。刘非男等利用高速摄像技术对硬岩在单轴压缩过程中裂纹萌发及扩展过程中的形态进行了观测，得出了单轴压缩过程中岩石裂纹的分类。刘冬梅、蔡美峰等利用全息干涉法结合高速摄影对砂岩和花岗岩单轴压缩及蠕变过程中的裂纹扩展进行了观测，并测定了裂纹扩展速度。Dally 采用高速摄影机技术及光弹技术对环氧树脂等材料进行了测试，研究了裂纹扩展瞬时速度及瞬时应力强度因子之间的关系。Kalthoff 等采用高速摄影机技术及焦散线法对 Araldite B 材料进行了实验测试，研究了裂纹扩展瞬时速度及瞬时应力强度因子之间的关系。许鹏等采用高速摄影机技术及焦散线法对爆生裂纹进行了动态检测，并获得了相应的裂纹扩展速度及动态应力强度因子。

# 2 煤的非均质结构特征

煤岩是一种典型的非均质复合材料，近年来，大量煤岩宏、细、微观实验研究表明，煤具有较复杂的组成成分和微观结构，其内部包含裂隙、孔隙、节理等软弱结构面以及颗粒胶结物等原始损伤微观缺陷。

## 2.1 煤的工业分析

对煤样的工业分析是根据《煤的工业分析方法 仪器法》（GB/T 30732—2014）来进行的。正式测试前，需要放置样品在 80 ℃恒温干燥箱内，干燥 24 h 以上。测试煤样的水分、灰分、挥发分和固定碳含量。各个煤样的工业分析参数见表 2-1。

表 2-1 各个煤样的工业分析参数

| 编号 | 煤样 | 类别 | $M_{ad}$/% | $A_{ad}$/% | $V_{ad}$/% | $V_{daf}$/% | $FC$/% |
|------|------|------|------|------|------|------|------|
| 1 | 寺河矿 | 无烟煤 | 1.79 | 6.89 | 7.00 | 7.35 | 84.62 |
| 2 | 大淑村矿 | 贫煤 | 1.09 | 16.63 | 9.825 | 11.94 | 72.46 |
| 3 | 余吾矿 | 贫煤 | 0.35 | 11.36 | 21.56 | 24.42 | 66.73 |
| 4 | 正利矿 | 焦煤 | 0.72 | 17.70 | 20.78 | 25.47 | 60.80 |
| 5 | 砂墩子矿 | 长焰煤 | 2.03 | 2.86 | 31.53 | 33.15 | 63.58 |
| 6 | 马蹄沟矿 | 褐煤 | 11.69 | 7.87 | 12 | 31.19 | 55.36 |

## 2.2 煤的显微组分特征

煤是一种可燃有机岩，1935 年英国 M·C·斯托普丝首先提出了煤的有机显微组分概念。1975 年，国际煤岩学会（ICCP）将煤的显微组分分为 3 类：镜质组、壳质组和惰质组，除此之外，还含有少量矿物质组分。

### 2.2.1 实验方法

实验选取余吾矿、砂墩子矿、寺河矿、正利矿、马蹄沟矿、大淑村矿 6 个不同煤样作为研究对象。根据《煤的镜质体反射率显微镜测定方法》（GB/T 6948—2008）规定，在显微镜油浸物镜下，镜质体抛光面的反射光以 546 nm 波长下镜质组反射率作为测试结果。该实验使用偏光显微镜 Leica DM4500P 和光度计 LEICAMPV-3，如图 2-1 所示。根据《煤的镜质体反射率显微镜测定方法》（GB/T 6948—2008）及《烟煤显微组分分类》（GB/T 15588—2013）分别测定了煤样的显微组分和镜质组反射率。

### 2.2.2 显微组分分析

表 2-2 为煤镜质组反射率及显微组分测定结果，由表 2-2 可以看出，所选马蹄沟矿、砂墩子矿和正利矿煤样为低阶煤，余吾矿、大淑村矿和寺河矿煤样为中高阶烟煤或无烟

图 2-1　偏光显微镜 Leica DM4500P 和光度计 LEICAMPV-3

表 2-2　煤镜质组反射率及显微组分测定结果

| 编号 | 煤样 | 反射率/% | 煤岩组分含量/% | | | | | | | |
|------|------|---------|------|--------|------|--------|------|------|--------|------|
| | | | 镜质体 | 半镜质体 | 丝质组 | 半丝质体 | 壳质组 | 黏土类 | 碳酸盐 | 黄铁矿 |
| 1 | 马蹄沟矿 | 0.42 | 17.49 | 11.43 | 1.033 | 48.73 | 1.13 | 10.63 | | 0.25 |
| 2 | 砂墩子矿 | 0.5 | 45.69 | 8.039 | 14.31 | 28.43 | 1.373 | 1.176 | | 0.98 |
| 3 | 正利矿 | 0.68 | 39.64 | 13.02 | 0.789 | 32.94 | 2.17 | 8.48 | 2.96 | |
| 4 | 余吾矿 | 2.05 | 91.78 | 1.174 | 2.153 | | | 4.892 | | |
| 5 | 大淑村矿 | 2.32 | 91.9 | | 1.5 | | | 6.604 | | |
| 6 | 寺河矿 | 2.85 | 39.92 | 7.558 | 1.357 | 5.233 | 0.77 | 3.876 | 1.936 | |

煤。由显微组分的测定结果可以看出，煤样镜质组含量的变化范围为 17.49%~91.9%，丝质组含量的变化范围为 0.789%~2.153%，壳质组含量的变化范围为 0.77%~2.17%。其中，烟煤和无烟煤中镜质组的含量最高达到 90% 以上，低阶煤最低。壳质组的含量低阶煤和中高阶煤均相对较低，余吾矿和大淑村矿的贫煤甚至没有。煤中的一些矿物质成分，低阶煤及中高阶煤都是以黏土矿为主，含有少量碳酸盐和黄铁矿。

## 2.3　全岩和黏土矿物 X 射线衍射分析特征

### 2.3.1　实验方法

实验选取余吾矿、砂墩子矿、寺河矿、正利矿、马蹄沟矿、大淑村矿 6 个不同煤样为研究对象。根据沉积岩中黏土及常见非黏土矿物 X 射线衍射分析方法，即《沉积岩中黏土矿物和常见非黏土矿物 X 射线衍射分析方法》（SY/T 5163—2018）对实验样品进行了全岩和黏土矿物成分的检测与分析。该实验使用的仪器是日本理学 TTRⅢ多功能 X 射线衍射仪，如图 2-2 所示。

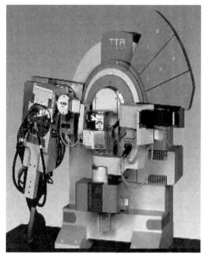

图 2-2  日本理学 TTRⅢ多功能 X 射线衍射仪

**2.3.2  X 射线衍射分析**

根据沉积岩中黏土及常见非黏土矿物 X 射线衍射分析方法，即《沉积岩中黏土矿物和常见非黏土矿物 X 射线衍射分析方法》（SY/T 5163—2018），计算样品每个衍射峰的晶面间距，再由衍射峰的高度确定其衍射强度，对晶面间距、相对强度与标准矿物的衍射数据进行对比，确定矿物成分。马蹄沟矿、砂墩子矿、正利矿、余吾矿、大淑村矿及寺河矿煤样非黏土矿物 X 射线衍射图如图 2-3 至图 2-8 所示。由全岩和黏土矿物 X 射线衍射测定结果（表 2-3）看出，马蹄沟矿煤一层中矿物含量以石英和黏土矿物为主，分别占矿物总量的 46.8% 和 31.4%，砂墩子矿 4 号煤矿物含量以铁白云石、非晶质和黏土矿物为主，分别占矿物总量的 44.3%、25% 和 22.9%，正利矿 4$^{-1}$ 号煤、余吾矿 3 号煤、大淑村矿 2 号煤及寺河矿 15 号煤矿物含量均以黏土矿物和非晶质为主，黏土矿物含量分别占总量的 76.3%、46.3%、48.8% 和 41.7%，非晶质含量分别占总量的 20%、45%、45% 和 48%。

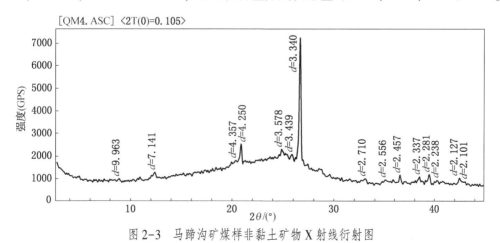

图 2-3  马蹄沟矿煤样非黏土矿物 X 射线衍射图

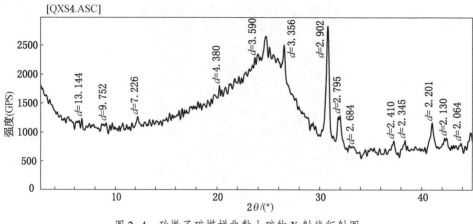

图 2-4 砂墩子矿煤样非黏土矿物 X 射线衍射图

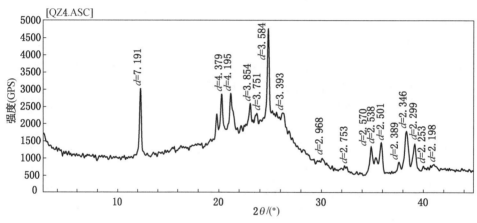

图 2-5 正利矿煤样非黏土矿物 X 射线衍射图

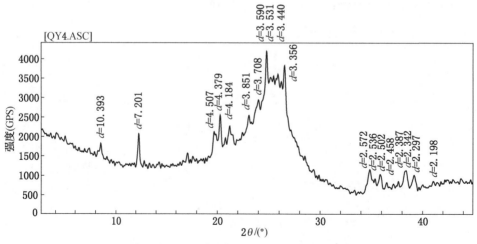

图 2-6 余吾矿煤样非黏土矿物 X 射线衍射图

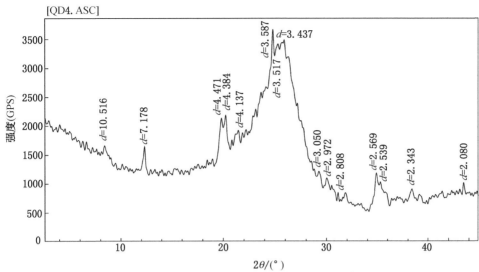

图 2-7 大淑村矿煤样非黏土矿物 X 射线衍射图

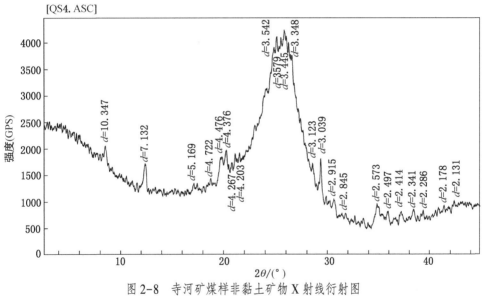

图 2-8 寺河矿煤样非黏土矿物 X 射线衍射图

表 2-3 全岩和黏土矿物 X 射线衍射测定结果 %

| 煤样 | 矿物种类及含量 | | | | | | | | |
|---|---|---|---|---|---|---|---|---|---|
| | 石英 | 钾长石 | 斜长石 | 方解石 | 菱铁矿 | 黄铁矿 | 铁白云石 | 非晶质 | 黏土矿物总量 |
| 马蹄沟矿煤一层 | 46.8 | | | 0.5 | | 6.3 | | 15.0 | 31.4 |
| 砂墩子矿 4 号煤 | 5.5 | | | | 2.3 | | 44.3 | 25.0 | 22.9 |
| 正利矿 4⁻¹ 号煤 | 3.7 | | | | | | | 20 | 76.3 |
| 余吾矿 3 号煤 | 8.7 | | | | | | | 45.0 | 46.3 |
| 大淑村矿 2 号煤 | 4.6 | | | 1.6 | | | | 45.0 | 48.8 |
| 寺河矿 15 号煤 | 3.1 | | | 7.2 | | | | 48.0 | 41.7 |

## 2.4 煤的孔隙特征

煤的细、微观孔隙结构相当复杂，不仅具有大孔隙和细观裂隙，还含有大量不同孔径的微孔隙，对气体在煤层中的吸附及流动产生影响。煤的不同成煤原因与环境及成煤的不同过程有关，其中孔的大小及不同形态直接影响煤的宏观物理化学性质。因此，有必要对孔隙结构的成因、分类、形态、表征参数及其检测实验方法进行总结和研究。

### 2.4.1 孔隙形成类型、成因及形态特征

1. 孔隙形成类型及成因分类

煤孔隙成因复杂，其形成类型及分类也有多种，国内外学者也进行了许多方面的研究。Gan H 根据煤孔隙的成因，将其分为裂缝孔、分子间孔、热成因孔和煤植体孔。Radke 根据压汞试验，按孔道的分布将煤孔隙分成封闭型、过渡型及开放型 3 个大类和 9 个小类，吴俊等的研究与其基本相同。郝琦等借用油气储层的名称将煤孔隙划分为气孔、晶间孔、粒间孔及植物组织孔等。结合煤的变形、变质理论和煤岩的结构及构造，在大量扫描电镜实验的基础上，张慧等将煤孔隙的成因类型划分为原生、矿物质孔等 4 个大类和 9 个小类。

2. 孔径分布特征分类

按孔径大小对煤中孔隙进行分类，国内外学者基于不同仪器的测试范围及研究目的对其进行了大量研究。在国内煤炭行业应用比较广泛的是霍多特（1961 年）提出的十进制划分和张新民提出的适用于煤储层的分类，将孔分为 4 个类别；1966 年，国际精细应用化学联合会（IUPAC）按孔径大小，将孔划分为 3 个类别；抚顺研究院，杨思敬、吴俊、秦勇及琚宜文等学者也对煤的孔径大小进行了研究和划分，表 2-4 为具有代表性的分类方法。

表 2-4　煤孔隙按孔径大小分类　　　　　　　　　　　　　　nm

| 霍多特<br>1961 年 | IUPAC<br>1966 年 | Dubini<br>1966 年 | Gan H<br>1972 年 | 抚顺研究院<br>1985 年 | 吴俊<br>1991 年 | 杨思敬<br>1991 年 | 秦勇<br>1994 年 | 琚宜文<br>2005 年 |
|---|---|---|---|---|---|---|---|---|
| 大孔<br>>1000 | 大孔<br>>50 | 大孔<br>>20 | 大孔<br>>30 | 大孔<br>>100 | 大孔<br>1000~1500 | 大孔<br>>750 | 大孔<br>>450 | 大孔<br>5000~20000 |
| 中孔<br>100~1000 | | | | | 中孔<br>100~1000 | 中孔<br>50~750 | 中孔<br>50~450 | 中孔<br>100~5000 |
| 小孔（过渡孔）<br>10~100 | 过渡孔<br>2~50 | 过渡孔<br>2~20 | 过渡孔<br>1.2~20 | 过渡孔<br>8~100 | 过渡孔<br>10~100 | 过渡孔<br>10~50 | 过渡孔<br>15~50 | 过渡孔<br>15~100 |
| 微孔<br><10 | 微孔<br><2 | 微孔<br><2 | 微孔<br><1.2 | 微孔<br><8 | 微孔<br><10 | 微孔<br><10 | 微孔<br><15 | 微孔<br><15 |

3. 孔隙形态特征及连通性分类

根据孔隙形态特征及其连通性，依据压汞实验的退汞曲线或液氮吸附曲线的形态特征，吴俊、郝琦和陈萍等进行了煤孔隙形态类型研究，前人的研究结果将孔隙划分为 3 类：第一类孔是开放性透气孔，即圆筒形且两边透气或平板形且四边透气的孔，如图 2-

9a 所示，这类孔具有压汞滞后环，且其吸附等温线的解吸分支与吸附分支分离，从而形成吸附曲线；第二类孔是不透气半封闭孔，即一端封闭的圆筒形孔、锥形孔、楔形孔或平行板状孔，如图 2-9b 所示，这类孔不具有压汞滞后环，且不产生吸附曲线；第三类孔是一种特殊的半开放性孔，如图 2-9c 所示，即细颈瓶形（墨水瓶状）孔，由于细颈瓶形孔构造特殊，压汞会形成"突降"型滞后线，且在细颈处会产生吸附曲线，曲线形态是一个急剧下降的拐点。

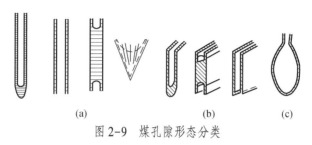

图 2-9　煤孔隙形态分类

### 2.4.2　煤孔隙结构测试方法及表征参数

1. 煤孔隙结构测试方法

随着微观孔隙结构的研究发展，煤孔隙结构从最初的简单物性分析发展到现在的先进实验测试，其测试方法主要包括直接观测法、间接测定法和数字岩心法。直接观测法包括铸体薄片法、扫描电镜法及图像分析法等，间接测定法包括压汞法、离心机法及动力驱替法等，数字岩心法包括铸体模型法及三维模型重构技术等。

煤孔隙结构测试方法如图 2-10 所示，其中光学显微镜法的主要研究对象是大于 $10^3$ nm 的孔；Tem 能够测定 Sem 不能识别的微孔，主要识别和测定 $0.2 \sim 10^4$ nm 的孔；Sem 主要识别和测定 $10 \sim 10^4$ nm 的孔，压汞法能够测定较少的小孔和多数中孔以上的孔隙，小角 X 射线散射（SAXS）或小角中子散射（SANS）、低温液氮吸附法、二氧化碳吸附法适于测量一定范围的小孔和微孔。

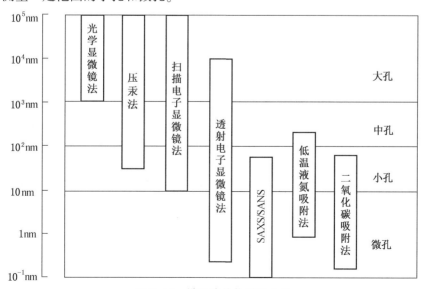

图 2-10　煤孔隙结构测试方法

### 2. 煤孔隙结构表征方法

早期，通过密度计算法只能获得煤孔隙的孔隙率信息，近年来，随着微观孔隙实验的发展，可获得更多的孔隙信息。

光学显微镜在分辨煤岩组分方面准确率高，可用来观察较大尺度的孔隙和裂隙及其成因类型，能够测定孔间距及大小等表征参数；扫描电镜可用来观测多种成因类型、不同级别的孔隙和裂隙，结合统计学理论，可以获得孔径大小、分布，孔隙形状及连通性，面孔率等表征参数；透射电镜具有比扫描电镜更高的放大倍数和分辨率，能够用于煤的超微孔隙研究，可获得孔径大小、分布，孔隙形状及连通性等表征参数；SAXS 可以获得直径 1 nm~20 μm 孔隙结构分布，孔隙率、比表面积、平均孔（粒）径、分形维数等表征参数；压汞法、低温液氮吸附法、二氧化碳吸附法一般能测得孔隙结构特征及孔径分布等多种参数。

### 2.4.3 压汞实验

#### 1. 实验原理及方法

压汞法作为标准方法用以测量大孔、中孔孔容和孔径的分布已经得到广泛认可。压汞法主要建立在毛管束模型的基础上，假定多孔介质由毛管束构成且直径大小多不相等。汞基本上属于非润湿相，不能润湿煤岩表面，一般情况下，煤岩体孔隙中的汞蒸气或空气属于润湿相。注汞进入煤岩孔隙中实际上是润湿相被非润湿相驱替。对于孔隙当其毛细管压力低于汞压力时，这一点处的毛细管压力即为汞压力，而孔隙喉道半径也即为相对应的毛细管半径，喉道所连通的孔隙体积可用已经被压入孔隙中的汞体积来表示。依据的计算公式可表示为

$$P_c = \frac{2\sigma\cos\theta}{r} \tag{2-1}$$

式中　$P_c$——毛细管压力，MPa；

　　　$r$——孔隙半径，μm；

　　　$\theta$——煤岩与汞的润湿角，$\cos\theta = 0.765$，$\theta = 140°$；

　　　$\sigma$——空气与汞之间的界面张力，$\sigma = 480$ dyn/cm。

上述参数代入式（2-1），则孔隙半径 $r$ 所对应的毛细管压力可表示为

$$r = \frac{0.735}{P_c} \tag{2-2}$$

根据前人的研究，对于非刚体材料（包括煤在内），当汞的注入压力超过一定界限后，材料内部的结构会发生变形。对于煤而言，当汞的注入压力高于 10 MPa 时，会产生因压缩煤基质而导致多余汞增量的误差。当注汞压力高于 200 MPa 后，会引起微观孔隙结构的破坏，所以，对于煤样的实验室压汞，上限注汞压力不会高于 200 MPa。目前主流的修正方法是在不考虑仪器及汞压缩的情况下，对于煤这种多孔材料介质其压缩性能够表示成

$$K_c = \frac{dV_c}{V_c dP} \tag{2-3}$$

式中　　　$K_c$——压缩性系数，m²/N；

　　$dV_c/dP$——随着汞压力变化煤基质的体积变化，cm³/(g·MPa)；

　　　　$V_c$——煤基质的体积，cm³/g。

因为实验所测试的孔隙下限是 7 nm，所以在修正处理过程中煤中孔径小于 7 nm 的固体基质被假设包括在基质中。

对于可压缩性一般的多孔材料，视进汞量能够表示为

$$\Delta V_{obs} = \Delta V_p + \Delta V_c \tag{2-4}$$

式中 $\Delta V_{obs}$——视进汞量，$cm^3/g$；

$\quad\quad\Delta V_c$——基质的可压缩量，$cm^3/g$；

$\quad\quad\Delta V_p$——孔隙的填充量，$cm^3/g$。

在基质中对于压缩性明显的注汞压力区间 10~200 MPa，注汞压力与视进汞量呈近线性变化，可以通过常数 $\beta$ 获得，来计算 $\dfrac{\Delta V_{obs}}{\Delta P}$。所以，$\dfrac{\Delta V_c}{\Delta P}$ 可以表示成

$$\frac{\Delta V_c}{\Delta P} = \beta - \frac{\sum\limits_{7\,nm}^{134\,nm} \Delta V_P}{\Delta P} \tag{2-5}$$

式（2-5）中，注汞压力为 200 MPa 时的压汞孔径为 7 nm，注汞压力为 11 MPa 时的压汞孔径为 134 nm，通过液氮吸附可以得到 7~134 nm 区间内的孔容数据。

由于将煤基质变形看成弹性变形，$\dfrac{\Delta V_c}{\Delta P}$ 近似为常数，可以表示为

$$K_c = \frac{1}{V_c}\left(\beta - \frac{\sum\limits_{7\,nm}^{134\,nm} \Delta V_P}{\Delta P}\right) \tag{2-6}$$

式（2-6）中，通过液氮吸附及真密度实验数据可以得到 $V_c$。

压汞导致的增量孔容可由煤压缩性系数 $K_c$ 表示为

$$\Delta V_{Pi} = V_{Pi} - V_{P0} = V_{obs} - V_{obs(P0)} - k_c V_{c(Pi)}(P_i - P_0) \tag{2-7}$$

式中 $V_{c(Pi)}$——当前注汞压力下的煤基质体积；

$\quad\quad V_{obs(P0)}$——11 MPa 注汞压力下的视注汞量；

$\quad\quad V_{Pi}$——当前注汞压力下的孔容；

$\quad\quad V_{obs}$——当前注汞压力下的视注汞量；

$\quad\quad V_{P0}$——11 MPa 注汞压力下的孔容。

$V_{c(Pi)}$ 可以进一步表示为

$$V_{c(Pi)} = V_{c(p0)} - \frac{dV_c}{dP}(P_i - P_0) \tag{2-8}$$

经过以上修正，能够获得较为真实的压汞数据。

2. 测试对象及方法

实验选取余吾矿、砂墩子矿、寺河矿、正利矿、马蹄沟矿、大淑村矿 6 个矿不同的煤样作为研究对象以余吾矿和砂墩子矿为主，测试根据相关规定进行。

3. 实验仪器及条件

实验仪器是中国石油大学的美国 Corelab CMS300 和美国 AutoPore Ⅳ 9505 压汞仪，如图 2-11 所示。在 105 ℃条件下，先将煤样品进行烘干，然后将煤样品放入压汞仪进行测试，测定的汞注入压力最大为 200 MPa。

图 2-11　Corelab CMS300 和 AutoPore Ⅳ 9505 压汞仪

**4. 压汞曲线、孔类型及孔径分布分析**

根据不同矿煤样品的压汞实验数据得出了进退汞曲线，如图 2-12 至图 2-17 所示。

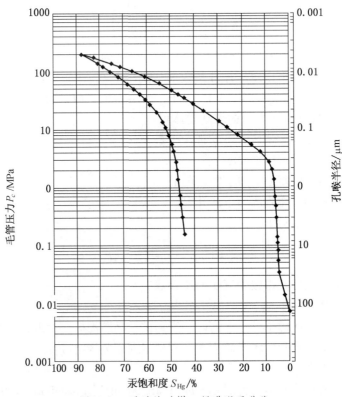

图 2-12　马蹄沟矿煤一层进退汞曲线

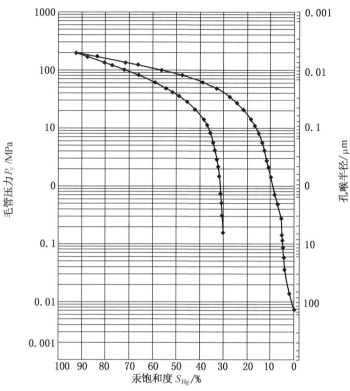

图 2-13 砂墩子矿 4 号煤进退汞曲线

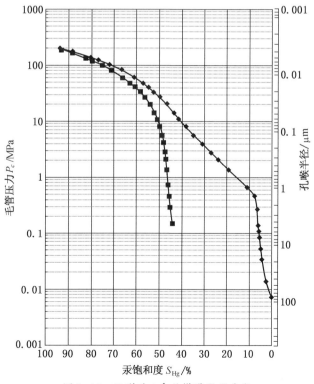

图 2-14 正利矿 4⁻¹ 号煤进退汞曲线

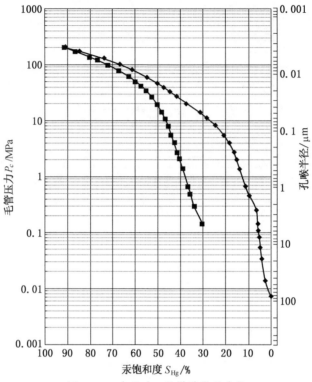

图 2-15 余吾矿 3 号煤进退汞曲线

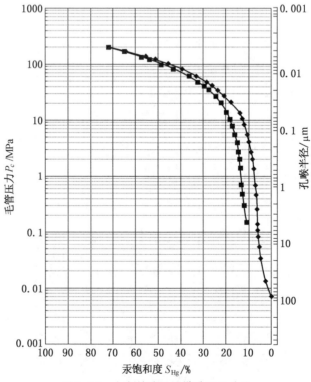

图 2-16 大淑村矿 2 号煤进退汞曲线

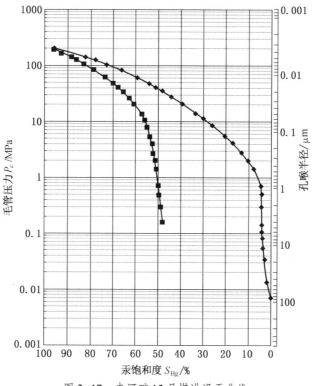

图2-17　寺河矿15号煤进退汞曲线

压汞曲线能够反映孔喉、孔隙发育及连通性，由图2-12至图2-17可以看出，不同煤质有不同的进退汞曲线，即煤中孔开放程度不同。6个矿的煤样品都具有压汞滞后环，马蹄沟矿煤一层、砂墩子矿4号煤、正利矿4⁻¹号煤、余吾矿3号煤及寺河矿15号煤进退汞曲线差值较大，具有明显的压汞滞后环。这说明煤样品具有开放性孔隙，从微孔到大孔孔隙间连通性好；大淑村矿2号煤进退汞曲线差值较小，说明煤样中孔隙的开放程度较小，半封闭孔较多。由于细颈瓶孔属于半封闭孔，其瓶体与颈的退汞压力不一样，会造成突降滞后环型退汞线，6个矿的煤样品中都有突降滞后环型退汞线。图2-18至图2-23给出了孔径分布、孔容增量，比表面积增量及累计孔容、比表面积之间的关系，

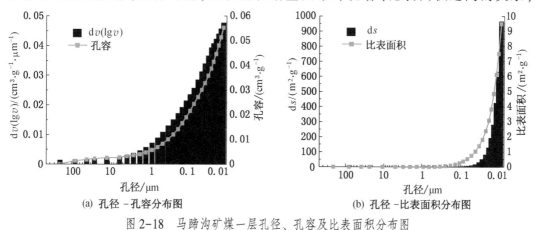

(a) 孔径-孔容分布图　　　　　　　(b) 孔径-比表面积分布图

图2-18　马蹄沟矿煤一层孔径、孔容及比表面积分布图

$\mathrm{d}v(\lg v)$ 表示孔体积对孔直径对数的微分，反映了不同孔径体积分布，6 个矿的煤样品的孔体积与孔径分布变化具有相似的特征，孔体积增量随着孔径的减小呈明显的增加趋势，即孔径越小所占的孔体积越大，尤其是孔径在 10~100 nm 之间，其孔隙体积急剧增加，比表面积也有类似的趋势，尤其是孔径在 10~70 nm 之间，其比表面积急剧增加。

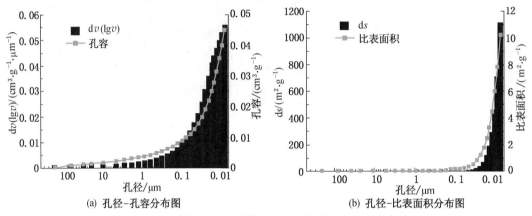

图 2-19　砂墩子矿 4 号煤孔径、孔容及比表面积分布图

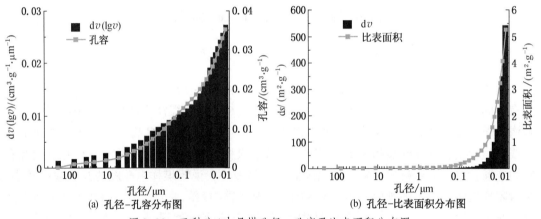

图 2-20　正利矿 $4^{-1}$ 号煤孔径、孔容及比表面积分布图

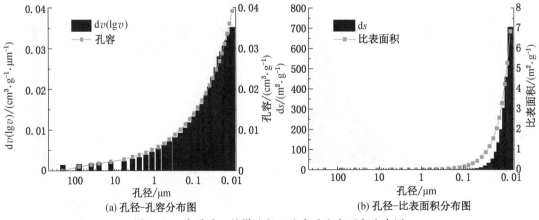

图 2-21　余吾矿 3 号煤孔径、孔容及比表面积分布图

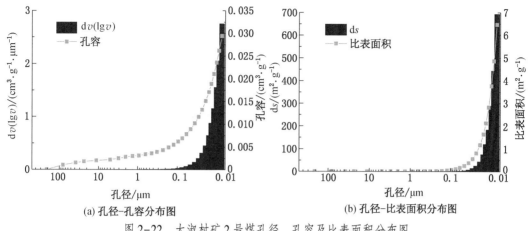

图 2-22　大淑村矿 2 号煤孔径、孔容及比表面积分布图

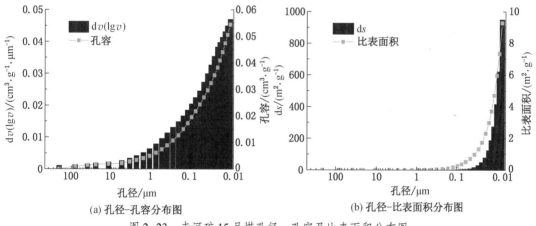

图 2-23　寺河矿 15 号煤孔径、孔容及比表面积分布图

### 2.4.4　低温液氮吸附实验

1. 实验原理及方法

由 2.4.1 节可知，煤孔隙结构的测量方法较多，低温液氮吸附法是测量多孔介质中一定范围的小孔和微孔的测量方法。低温液氮吸附在极低温度下进行，通常吸附介质采用液氮，其属于惰性气体，纯度为 99.999%，温度为 77 K。测试样品为粒径是 60~80 目煤样品 2~3 g，通过"静态容量法"对样品进行液氮吸附测试，测试标准参照《炭黑　总表面积和外表面积的测定　氮吸附法》（GB/T 10722—2014）要求。测试过程中先将样品置于脱气站中，在 100 ℃温度下进行真空脱气处理，以去除样品中多种杂质，而后将脱气处理后的样品置于有液氮的杜瓦瓶中，测试不同氮气压力的吸附解吸量数据，以获得吸附解吸曲线。依据 BJH 法、BET 气体多分子层吸附理论计算法，吸附势理论的 D-R 方程、DA 方程等方法计算样品的孔径分布及比表面积。

1）Kelvin 方程及 BJH 法计算孔径分布

BJH 法是 Barrett、Joyner 及 Halenda 将毛细管凝聚、物理吸附与 Wheeler 理论结合，利用氮气解吸等温线直接计算孔径分布。该方法首先在孔隙为圆柱状模型的基础上，利用

Kelvin 公式计算孔半径，计算公式为

$$r_k = \frac{2\gamma V_m}{RT\ln\dfrac{P}{P_0}}\cos\theta \tag{2-9}$$

式中　　　$r_k$——Kelvin 半径；

　　　　　$\gamma$——液氮的表面张力，温度 77.35 K 下为 8.85 ergs/cm$^2$；

　　　　　$V_m$——液氮的摩尔体积，34.7 cm$^3$/mol；

　　　　　$\theta$——吸附质与液氮的接触角；

　　　　　$T$——77.35 K；

　　　　　$R$——气体常数；

　　　$P/P_0$——氮气的相对压力。

以上得到的 Kelvin 半径并不等于真正的孔隙半径，因为吸附质在毛细管凝聚前已形成吸附层，真正的孔隙半径 $r_T$ 可表示为

$$\begin{cases} r_T = r_k + t \\ t = 3.54 \times \left( -\dfrac{5}{\ln\dfrac{P}{P_0}} \right) \times 0.333 \end{cases} \tag{2-10}$$

式中　$t$——吸附层厚度。

结合以上孔隙半径计算及吸脱附等温线数据，依据 BJH 方法可计算得到吸附质的孔径分布，计算公式为

$$\Delta V_n = \left( \frac{\overline{r_n}}{\overline{r_n} - \overline{t_n}} \right)^2 \left[ \Delta v_n - \Delta t_n \sum_{m=1}^{n-1} \left( \frac{\overline{r_m}}{\overline{r_m} - \overline{t_m}} \right)^2 \Delta\sigma_m \right] \tag{2-11}$$

$$\Delta\sigma_m = 2\Delta V_n / r_n$$

式中　　$\Delta V_n$——半径分布从 $r_{n-1}$ 孔到 $r_n$ 孔的体积，cm$^3$/g；

　　　　$\Delta v_n$——半径分布从 $r_{n-1}$ 孔到 $r_n$ 孔的脱附量，cm$^3$/g；

　　　　$\overline{r_n}$——第 $n$ 个孔的半径；

　　　　$\overline{t_n}$——第 $n$ 个孔的吸附层厚度；

　　　　$\Delta t_n$——半径分布从 $r_{n-1}$ 孔到 $r_n$ 孔的吸附层厚度；

　　　　$\overline{r_m}$——第 $n-1$ 个孔的半径；

　　　　$\overline{t_m}$——第 $n-1$ 个孔的吸附层厚度；

　　　　$\Delta\sigma_m$——半径分布从 $r_{n-1}$ 孔到 $r_n$ 孔的比表面积，m$^2$/g。

　2）BET 气体多分子层吸附理论计算比表面积

当所需吸附的样品在低温下发生物理吸附达到吸附平衡时，多层吸附量 $V$ 与单层吸附量 $V_m$ 可以通过 BET 方程来描述，可以得到 $P/V(P_0 - P)$ 与 $P/P_0$ 之间的线性拟合关系，进而求得 $V_m$，测出样品的比表面积。

BET 气体多分子层吸附理论计算公式可表示为

$$\frac{P}{V(P_0 - P)} = \frac{1}{V_m C} + \frac{C - 1}{V_m C} \times \frac{P}{P_0} \qquad (2-12)$$

式中　　$V$——当前实际吸附气体的质量;

　　　　$V_m$——气体单层饱和吸附量;

　　　　$P$——当前吸附气体（氮气）的压力;

　　　　$P_0$——当前温度下吸附气体（氮气）的饱和蒸气压;

　　　　$C$——BET 相关常数;

　　$P/P_0$——当前吸附气体（氮气）的相对压力。

　　在实际研究中发现，相对压力 $P/P_0$ 为 0.05~0.35 时，拟合出的线性关系较好，BET 方程能够与实际吸附过程较好地吻合。因此，一般情况下，舍掉两个端点出现偏离直线的点或取 $P/P_0$ 上限值在 0.3 以内。

　　3）吸附等温线

　　由 2.4.1 可知，煤作为一种多孔的吸附介质，其内部的孔隙形态及结构复杂，可以通过吸附等温线的不同形态来分析其内部的孔隙结构。依据最新的 IUPAC 分类，将属于Ⅳ类吸附等温线的回滞环分为 5 类。如图 2-24 所示，在 H1 型和 H2 型的回滞环吸附等温线上能明显地看出存在吸附饱和平台，较好地反映了吸附质均匀的孔径分布。H1 型对应的是圆筒状型孔，且两端开口、孔径分布较为均匀。H2 型对应的孔隙形状不好确定可能包含管形孔或"墨水瓶"型孔等。H3 型和 H4 型回滞环等温线不存在较为明显的吸附饱和平台，充分反映了吸附质孔径分布的不规整性。H3 型对应的孔隙形状有裂缝、楔形及平板狭缝等结构。H4 型对应的是具有狭窄裂缝孔的吸附质。H5 型一般很少见到，对应的是一端堵塞及两端开口的孔。

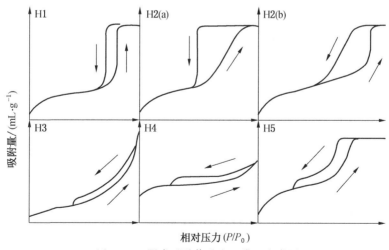

图 2-24　Ⅳ类吸附等温线回滞环分类图

　　2. 测试对象及方法

　　实验选取余吾矿、砂墩子矿、寺河矿、正利矿、马蹄沟矿、大淑村矿 6 个矿的不同煤样（以余吾矿、砂墩子矿的煤为主）作为研究对象，测试根据《炭黑　总表面积和外表面积的测定　氮吸附法》（GB/T 10722—2014）要求来进行。

### 3. 实验仪器及条件

实验仪器是中国石油大学的美国 TriStar Ⅱ 3020M 型低温液氮吸附仪，如图 2-25 所示。仪器所能进行的测试孔径大于 2 nm。

图 2-25　TriStar Ⅱ 3020M 型低温液氮吸附仪

### 4. 孔类型及孔径分布分析

#### 1）吸附等温线及孔类型

马蹄沟矿褐煤、砂墩子矿长焰煤、正利矿烟煤、余吾矿烟煤、大淑村矿烟煤及寺河矿无烟煤，6 个矿不同煤样的吸附等温曲线如图 2-26 至图 2-31 所示。由图 2-26 至图 2-31 可以看出，6 种样品在相对压力较低的 0~0.1 区域，吸附支曲线均出现上凸，氮气初期能够快速吸附在样品孔隙中；在相对压力较高的 0.9 以上区域，吸附支曲线迅速上升且没有出现吸附饱和平台，根据 IUPAC 分类，样品均属于第Ⅳ类吸附等温线 H3 型。引起 H3 型滞回线的吸附质其微观孔类型多以裂缝、楔形及平板狭缝等结构存在。但是对于余吾矿烟煤样品，由于其产生的吸附滞回线较小，说明其孔系统主要由一端接近封闭且毛细管大小及形状变化范围较大的圆筒形孔、楔形孔或平行板状孔等组成。而其他 5 种样品在相对压力 0.5 后均出现较为明显的滞回线且有较明显的拐点，说明其孔系统较为复杂；在相对压力低位置处，解吸支与吸附支基本重合，表明小孔径范围内的孔形态大多属于一端近封闭的非透气孔，而在相对压力较高位置出现明显滞回线，反映在大孔径范围内一定存在开放

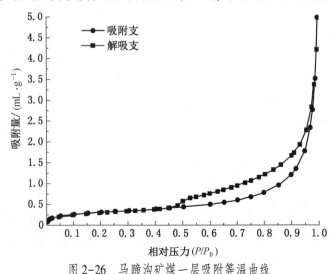

图 2-26　马蹄沟矿煤一层吸附等温曲线

性孔隙，并且也有可能同时存在一端近封闭的非透气孔。

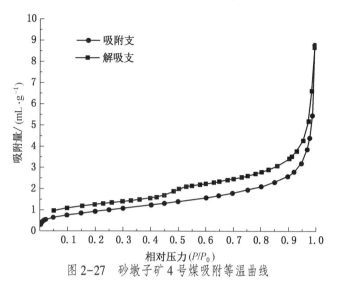

图 2-27  砂墩子矿 4 号煤吸附等温曲线

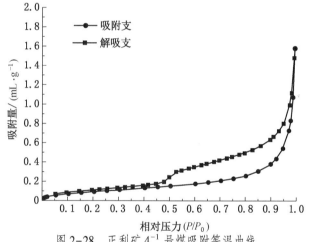

图 2-28  正利矿 4⁻¹ 号煤吸附等温曲线

2）孔径分布分析

依据 IUPAC 分类，已经分析出 6 种样品均属于第Ⅳ类吸附等温线且滞回线环属于 H3 型。针对这种吸附等温线需采用等温线吸附支来分析孔径分布，如果采用解吸支会因计算方法本身在 4 nm 孔径处产生假峰。同时根据 IUPAC 孔径划分标准，将孔径划分为小于 2 nm 的微孔，2~50 nm 的中孔，大于 50 nm 的大孔。

图 2-32 至图 2-37 为 6 种样品的孔径分布。由图 2-32 至图 2-33 可以看出，马蹄沟矿褐煤的中孔及大孔的孔径峰值主要集中在 5~30 nm，说明中孔及大孔范围内，5~30 nm 的中孔所占孔容比重较大；砂墩子矿长焰煤的中孔及大孔的孔径峰值主要集中在 2~15 nm，说明中孔及大孔范围内，2~15 nm 的中孔所占孔容比重较大；由累计孔容来看，两种煤样均是中孔所占孔容比重较大，砂墩子矿长焰煤累计孔容比马蹄沟矿褐煤要大，而大孔所占比重比中孔要小，其中孔有较好的发育，而马蹄沟矿褐煤大孔也有较好的发育。由图 2-34 至图 2-35 可以看出，正利矿和余吾矿烟煤的中孔及大孔的孔径峰值主要集中在 4~

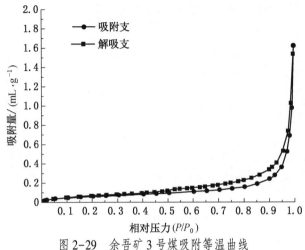

图 2-29　余吾矿 3 号煤吸附等温曲线

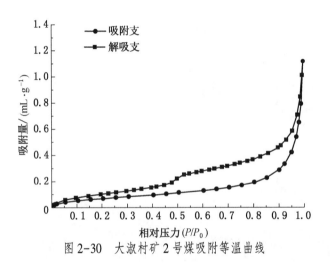

图 2-30　大淑村矿 2 号煤吸附等温曲线

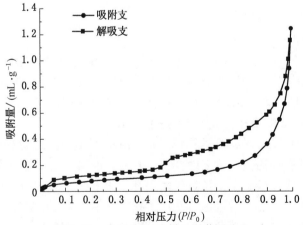

图 2-31　寺河矿 15 号煤吸附等温曲线

30 nm，说明中孔及大孔范围内，4~30 nm 中孔所占孔容比重较大；但是余吾矿烟煤在

45 nm 及 65~75 nm 也出现了峰值,说明其中孔及大孔均有良好的发育;由累计孔容来看,正利矿烟煤的中孔所占孔容比重较大,余吾矿烟煤的中孔及大孔均占有较大比重。由图 2-36 至图 2-37 可以看出,大淑村矿烟煤的中孔及大孔的孔径峰值主要集中在 5~30 nm,说明中孔及大孔范围内,5~30 nm 的中孔所占孔容比重较大;寺河矿无烟煤的中孔及大孔的孔径峰值主要集中在 6~18 nm,说明中孔及大孔范围内,6~18 nm 的中孔所占孔容比重较大;由累计及阶段孔容来看,两种煤样均是中孔所占孔容比重较大,但是大淑村矿烟煤的大孔比寺河矿无烟煤有较好的发育。

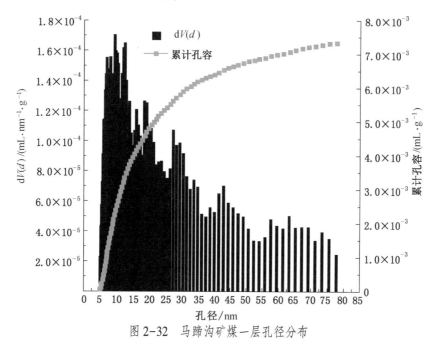

图 2-32　马蹄沟矿煤一层孔径分布

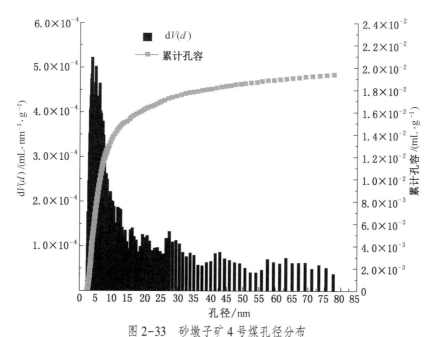

图 2-33　砂墩子矿 4 号煤孔径分布

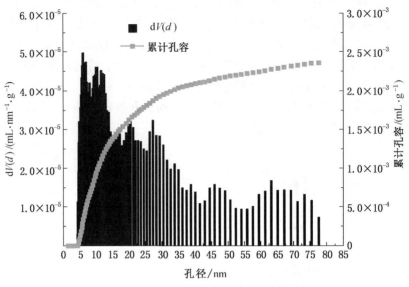

图 2-34　正利矿 4$^{-1}$ 号煤孔径分布

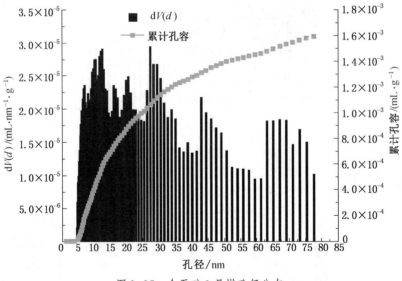

图 2-35　余吾矿 3 号煤孔径分布

### 2.4.5　二氧化碳吸附实验

1. 实验原理及方法

孔隙结构的测试方式比较多，但是压汞法及低温液氮吸附实验只能测试中孔及大孔部分，煤由于 $CO_2$ 的吸附性能高于 $N_2$ 且其分子直径小于 $N_2$，通过 $CO_2$ 吸附实验可以测试煤样品在 0.3~2 nm 之间的微孔孔隙结构来对低温 $N_2$ 吸附实验进行补充。$CO_2$ 吸附实验在温度恒定 0 ℃的冰水浴环境中进行，选取所测试的样品为粒径是 60~80 目的煤样品 2~3 g。根据 DFT、DA 及 HK 等方法对吸附质的微孔结构进行分析，因为对于煤这种多孔介质而言，DFT 方法能够分析介孔和微孔，所以使用 DFT 方法对微孔结构进行分析。

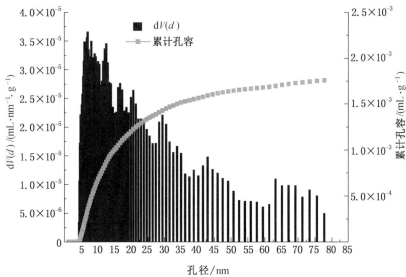

图 2-36　大淑村矿 2 号煤孔径分布

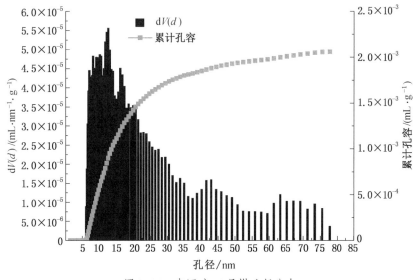

图 2-37　寺河矿 15 号煤孔径分布

2. 实验仪器、条件及测试样品

实验仪器是中国石油大学的美国 ASAP 2020 型二氧化碳吸附仪，如图 2-38 所示。仪器所能进行的测试孔径范围为 0.35~500 nm，最小孔体积分辨率能够达到 0.0001 mL/g，最小微孔分辨率可达到 0.02 nm。实验所测试的样品与低温液氮吸附实验所用样品一致。

3. 孔径分布分析

图 2-39 至图 2-44 为 6 种样品的孔径分布。由图 2-39 至图 2-44 可以看出，马蹄沟矿褐煤的微孔孔径峰值主要集中在 0.3~0.7 nm；砂墩子矿长焰煤的微孔孔径峰值主要集中在 0.3~0.6 nm，0.7~1.5 nm 也有分布；正利矿烟煤中微孔孔径峰值主要集中在 0.3~0.7 nm；余吾矿烟煤的微孔孔径峰值主要集中在 0.5~0.6 nm，0.7~1.5 nm 也有分布；大

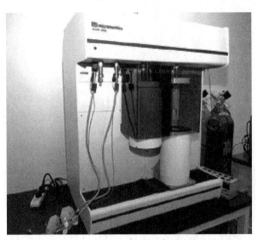

图 2-38 ASAP 2020 型二氧化碳吸附仪

淑村矿烟煤的微孔的孔径峰值主要集中在 0.5~0.6 nm，0.3~0.4 nm 也有分布；寺河矿无烟煤的微孔孔径峰值主要集中在 0.5~0.6 nm，0.3~0.4 nm 也有分布。结合低温液氮吸附实验，煤孔隙参数实验结果见表 2-5。

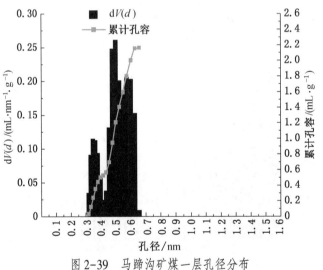

图 2-39 马蹄沟矿煤一层孔径分布

表 2-5 煤孔隙参数实验结果

| 煤样 | 孔容/(mm³·g⁻¹) | | | 孔比表面积/(m²·g⁻¹) | | |
|---|---|---|---|---|---|---|
| | 微孔 | 中孔 | 大孔 | 微孔 | 中孔 | 大孔 |
| Mtg | 2.46 | 6.74 | 0.69 | 0.79 | 8.47 | 4.73 |
| Sdz | 2.52 | 8.5 | 0.94 | 2.1 | 11.04 | 7.04 |
| Zl | 1.08 | 2.18 | 0.21 | 6.2 | 4.46 | 2.01 |
| Yw | 2.39 | 10.4 | 0.23 | 5.8 | 6.59 | 3.6 |
| Dsc | 2.02 | 16.4 | 0.13 | 3.1 | 9.0 | 4.69 |
| Sh | 2.91 | 1.93 | 0.14 | 10.2 | 9.78 | 4.98 |

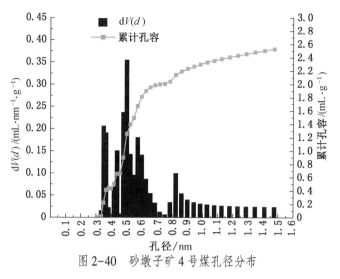

图 2-40 砂墩子矿 4 号煤孔径分布

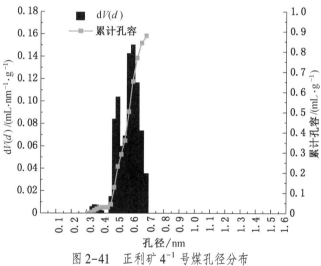

图 2-41 正利矿 $4^{-1}$ 号煤孔径分布

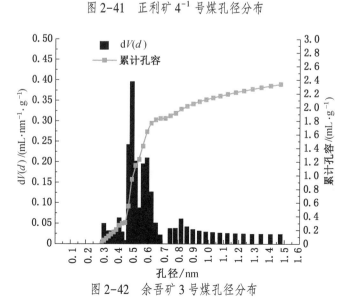

图 2-42 余吾矿 3 号煤孔径分布

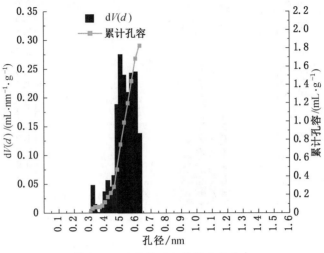

图 2-43 大淑村矿 2 号煤孔径分布

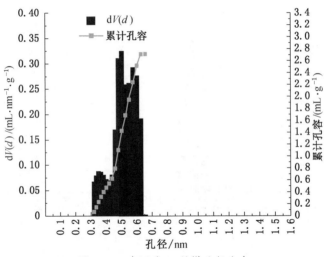

图 2-44 寺河矿 15 号煤孔径分布

### 2.4.6 煤表面结构 SEM 实验

#### 1. 实验原理及方法

前文对煤孔隙结构的研究主要基于统计学定量计算分析不同级别的煤微观孔隙结构。SEM 实验通过扫描电镜法对煤的表面结构进行直接观测。它的观察尺度范围为 $10 \sim 10^4$ nm，研究对象以小孔及其以上的孔隙为主。实验选取的样品为 $1 \sim 2$ m³ 的小块煤，先进行表面抛光，然后喷金处理后，放入扫描电镜观测腔进行观测。

#### 2. 实验仪器、条件及测试样品

实验仪器是日立高科生产的 SU-8010 型冷发射扫描电镜，如图 2-45 所示。仪器所能进行的测试范围，在 1 kV 电压下最大分辨率可以达到 1.3 nm，在 15 kV 电压下最大分辨率能达到 1 nm。测试样品与前面的实验样品相同。

#### 3. 实验结果与分析

图 2-45  SU-8010 型冷发射扫描电镜

6 种测试煤样品是在扫描电镜放大 10000 倍的情况下进行观测的。由前面低温液氮吸附实验的吸附等温线可知, 6 种样品孔类型多以裂缝、楔形及平板狭缝等结构存在, 同时也存在开放性或者一端接近封闭的圆筒形孔及平行板状孔等。由图 2-46 至图 2-48 能直观地看出煤表面微观的非均质性结构特征。

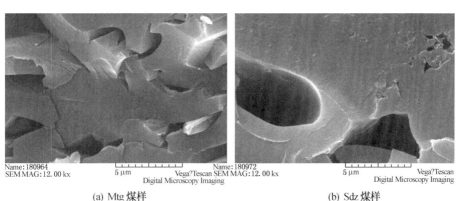

(a) Mtg 煤样　　　　　　　　　　　　　　(b) Sdz 煤样

图 2-46  马蹄沟矿褐煤和砂墩子矿长焰煤表面微观结构

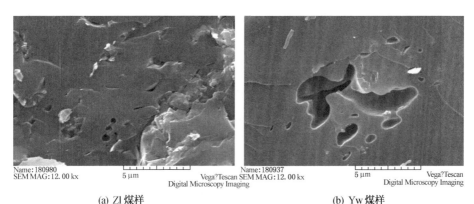

(a) Zl 煤样　　　　　　　　　　　　　　　(b) Yw 煤样

图 2-47  正利矿和余吾矿烟煤表面微观结构

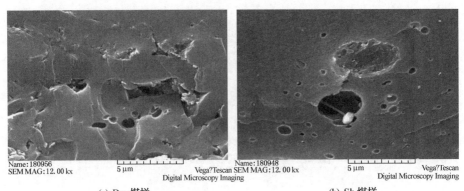

(a) Dsc 煤样　　　　　　　　　　　　　　　　　(b) Sh 煤样

图 2-48　大淑村矿烟煤和寺河矿无烟煤表面微观结构

# 3 受载煤体声电效应规律研究

煤岩动力灾害的发展过程是受载煤岩介质发生变形破裂的过程，实际上也是煤岩体流变的破坏过程，在这个过程中会经常伴随有声电等物理现象，对这些物理效应的研究可以为煤岩动力灾害的监测预警提供一定的实验及理论基础。本章在实验室原有"煤岩受载破坏声电实验系统"的基础上，搭建了裂隙观测高速采集系统及电性参数监测系统，对余吾矿 3 号煤及砂墩子矿 4 号煤实验样品进行了单轴压缩破坏和短时蠕变过程的实验研究，同步进行了声发射信号、电磁辐射信号、电性参数及表面裂纹扩展的监测，并获得了相关参数的分布及规律。为了进一步研究以上实验过程中的裂纹扩展速度，对实验煤样又进行了单轴压缩破坏过程中应力-纵波波速的实验测定，获得了相应的分布及规律。

## 3.1 煤样制备

1. 样品制备

实验选用的煤样取自山西潞安集团余吾矿 3 号煤和新疆哈密砂墩子矿 4 号煤，用蜡封运至实验室后，在实验室进行钻取、切割、磨平，试件尺寸参考国际岩石力学学会的标准制成 $\phi25$ mm×50 mm、$\phi50$ mm×100 mm 和 $\phi75$ mm×150 mm 3 种圆柱形煤样品。

制备过程如下：

（1）在钻孔取样机上分别安装 $\phi25$ mm、$\phi50$ mm 和 $\phi75$ mm 的钻头，将合适尺度的块状煤岩固定在取样机操作平台上，注水开启自动下降按钮，进行钻取，钻完后取芯转筒上升与煤岩分离，得到钻取样品。

（2）在切割机内分别切割长度为 50 mm、100 mm 和 150 mm 的样品，将从取样机提取的样品固定在切割机的操作平台上，启动水源，固定切割尺寸，预留出计划切割长度约 2 mm，进行切割。

（3）在磨平机上端面打磨，将切割后的煤岩样品在磨平机夹具上进行固定，调整样品端面与磨轮的位置相切后，启动磨轮及磨平机平台来回移动，5~6 个循环后，即可打磨好两端面满足实验要求，将打磨好的样品封存于密封袋中。

2. 煤样规格

根据《岩石物理力学性质试验规程 第 18 部分：岩石单轴抗压强度试验》（DZ/T 0276.18—2015）的标准（试件精度要求试件高径比为 2.0~2.5，沿着试样整个高度的直径测量误差小于或等于±0.3 mm，两端面不平行度误差小于或等于±0.05 mm，端面不平整度小于或等于±0.02 mm）进行加工，煤样品如图 3-1 所示，参数见表 3-1。

(a) 余吾矿、砂墩子矿 $\phi$25 mm×50 mm

(b) 余吾矿 $\phi$50 mm×100 mm

(c) 余吾矿 $\phi$75 mm×150 mm

(d) 砂墩子矿 $\phi$50 mm×100 mm

(e) 砂墩子矿 $\phi$75 mm×150 mm

图 3-1 煤样品

表 3-1 煤样品参数                                                                  mm

| 编号 | 尺寸（$\phi$×$h$） | 形状 | 岩石种类 | 加载方式 |
|---|---|---|---|---|
| Ywxm1 | 24.23×52.32 | 微有表面裂缝 | 3 号煤 | 单轴 |
| Ywxm2 | 24.45×51.22 | 微有表面裂缝 | 3 号煤 | 单轴 |
| Ywxm3 | 24.12×51.82 | 微有表面裂缝 | 3 号煤 | 单轴 |
| Ywm1 | 49.41×105.12 | 微有表面裂缝 | 3 号煤 | 单轴 |
| Ywm2 | 49.52×98.71 | 微有表面裂缝 | 3 号煤 | 单轴 |
| Ywm3 | 49.43×100.91 | 微有表面裂缝 | 3 号煤 | 单轴 |
| Ywm4 | 73.21×102.52 | 微有表面裂缝 | 3 号煤 | 单轴 |
| Ywm5 | 73.21×147.23 | 微有表面裂缝 | 3 号煤 | 单轴 |
| Ywmr1 | 49.52×103.21 | 微有表面裂缝 | 3 号煤 | 蠕变 |
| Ywmr2 | 49.43×104.42 | 微有表面裂缝 | 3 号煤 | 蠕变 |
| Ywmr3 | 49.53×100.32 | 微有表面裂缝 | 3 号煤 | 蠕变 |
| Ywmr4 | 73.31×152.34 | 微有表面裂缝 | 3 号煤 | 蠕变 |
| Ywmr5 | 73.52×150.52 | 微有表面裂缝 | 3 号煤 | 蠕变 |
| Sxm1 | 25.22×50.72 | 微有表面裂缝 | 4 号煤 | 单轴 |
| Sxm2 | 25.84×50.44 | 微有表面裂缝 | 4 号煤 | 单轴 |
| Sxm3 | 25.25×51.28 | 微有表面裂缝 | 4 号煤 | 单轴 |
| Sm1 | 49.59×100.26 | 微有表面裂缝 | 4 号煤 | 单轴 |
| Sm2 | 49.92×100.87 | 微有表面裂缝 | 4 号煤 | 单轴 |

表 3-1(续)                                                                    mm

| 编号 | 尺寸 (φ×h) | 形状 | 岩石种类 | 加载方式 |
|---|---|---|---|---|
| Smd3 | 50.58×100.86 | 微有表面裂缝 | 4号煤 | 单轴 |
| Sm4 | 74.43×151.72 | 微有表面裂缝 | 4号煤 | 单轴 |
| Sm5 | 74.12×151.24 | 微有表面裂缝 | 4号煤 | 单轴 |
| Smrb1 | 50.12×100.84 | 微有表面裂缝 | 4号煤 | 蠕变 |
| Smrb2 | 49.82×100.32 | 微有表面裂缝 | 4号煤 | 蠕变 |
| Smr3 | 49.62×100.44 | 微有表面裂缝 | 4号煤 | 蠕变 |
| Smrb4 | 74.12×151.51 | 微有表面裂缝 | 4号煤 | 蠕变 |
| Smrb5 | 74.52×151.31 | 微有表面裂缝 | 4号煤 | 蠕变 |

## 3.2 实验系统

### 3.2.1 单轴压缩及短时蠕变声电裂纹同时监测实验系统

实验系统在中国矿业大学（北京）煤岩动力灾害实验室自主设计研制的"煤岩受载破坏声电实验系统"的基础上，新增了裂隙观测高速采集系统。实验系统主要有应力加载系统、应变测试系统、电磁辐射监测系统、LCR 电性参数检测系统、声发射采集系统、应变采集系统、裂纹高速采集系统及电性参数监测系统等。实验系统及结构如图 3-2 所示。

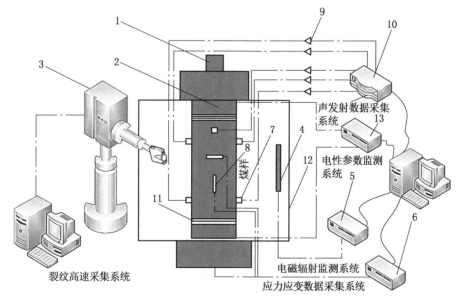

1—加载系统；2—载荷传感器；3—裂纹观测高速采集系统；4—线圈；5—电磁辐射监测系统；
6—应力-应变数据采集系统；7—声发射传感器；8—应变传感器；9—前置放大器；
10—声发射数据采集系统；11—绝缘纸；12—屏蔽网；13—LCR 电性参数检测系统

图 3-2 受载煤岩声电裂纹观测高速采集实验系统及结构

1. 应力加载系统

应力加载系统是天辰 WAW-1000 型刚性电液伺服精密试验机（图 3-3），该系统由计算机控制系统、数字和手动控制器、液压油源、控制器、作动器及其他试验附件等组成，位移精度能达到±0.001 mm，载荷精度能达到±0.005 kN，加载范围 50～2000 kN。

伺服精密试验机可通过设定参数实现恒定轴向应变加载，也能够通过编程设置进行自动循环加、卸载等多种加载。在对煤样进行实验时，进行的是单轴压缩加载和短时蠕变加载，采用应力加载方式，加载速度为 0.5 MPa/s。

图 3-3　天辰 WAW-1000 型刚性电液伺服精密试验机

2. 应变测试系统

实验采用德国威视生产的 Micro-Measurements7000 应变测试系统和 StrainSmart 数据采集系统，该系统能够实时测试 1/4、半及全桥状态下的准动态应变，最大采样频率为 2 kHz，并且具有导线电阻测量和修正功能，能够测量的应变范围为±80000 με，如图 3-4 所示。实验使用的应变片为北京一洋测试公司生产的 BX120-10AA 型电阻式应变片，阻值为（120±0.2）Ω，灵敏度为 2.08±1%，敏感栅宽度为 3 mm、长度为 15 mm，最大测量范围为 80000 με。

图 3-4　应变测试系统

## 3. 电磁辐射监测系统

电磁辐射监测系统采用便携式 EME-HF 矿用本安型电磁辐射监测系统（图 3-5a）。其测试方式：非接触式定向测试，有效监测距离 7~22 m，最大为 50 m；工作电压（12±0.5）V；工作电流不大于 500 mA；宽频带，2 MHz；采样频率 10 MHz。该监测系统采用由 A. H. Systems 公司设计、生产的高灵敏度、宽频带的 SAS-560 环形天线（图 3-5b），接收电磁辐射强度和脉冲数。其主要技术参数：频率范围为 20~2000000 Hz；阻抗为 50 Ω；环直径为 13.3 cm；质量为 0.1 kg。

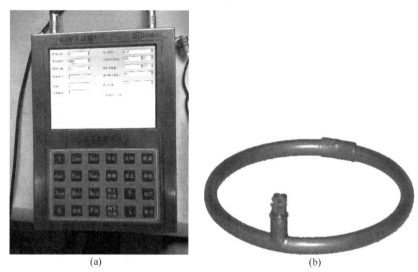

(a)　　　　　　　　　　　　(b)

图 3-5　EME-HF 矿用本安型电磁辐射监测系统和 SAS-560 环形天线

## 4. LCR 电性参数检测系统

电性参数检测系统采用 HIOKI "3532-50LCR 检测仪"（图 3-6），可以在 42 kHz~5 MHz 的高分辨下进行测定，其测量端子包括施加测量信号的 HCUR 端子、测量电流的 LCUR 检测端子、检测电压的 HPOT 和 LPOT 端子及与外壳连接的 GUARD 端子。

电性参数检测系统的测量方式是：先通过触摸面板与用户交互，从相位角 $\theta$、阻抗 $|Z|$、$L$、$C$、$R$ 等 14 个参数中，最多同时选择 4 个可测量参数；设置好待测频率及电压电平，然后对待测样品进行短路补偿及开路补偿，最后进行电性参数测量。

(a)　　　　　　　　　　　　(b)

图 3-6　3532-50LCR 检测仪及检测软件

5. 声发射采集系统

该实验使用的声发射采集系统是德国 Vallen 公司的 AMSY-6 系统。该系统主要由声发射数据采集系统、前置放大器、声发射传感器、计算机、相关采集、分析软件等组成，实物如图 3-7 所示。数据采集系统为 MB6 型，具有 8 个声发射通道，采集频率为 2 kHz~2.4 MHz，通过 USB2.0 与计算机相连；前置放大器为 AEP4 型，带宽为 2.5 kHz~3 MHz，增益为 34 dB(可以调节为 40 dB)，脉冲通过能力为 0~400 Vpp；声发射传感器为 VS150-M型，频率为 (300~800)kHz。该实验使用的采集频率为 10 kHz，采样样本数为 2048，并且使用凡士林作为耦合剂，以加强传感器与煤岩样品之间的耦合效果。

(a) 计算机

(b) 数据采集系统

(c) 前置放大器

(d) 声发射传感器

图 3-7　AMSY-6 系统

6. 裂纹高速采集系统

该实验使用的裂纹高速采集系统是由 GX-1 高速数码摄影仪及相配套的电脑组成的。GX-1 高速数码摄影仪是 NAC 公司生产的 Memrecam GX-1 Plus 高速摄像机 (图 3-8)，能够提供极高帧速拍摄、高感光度及百万像素分辨率。该系统主要技术参数如下：

图 3-8　Memrecam GX-1 Plus 高速摄像机

可控帧数的拍摄速度：逐帧调节范围为 50~200000 fps；

高感光度大于 ISO5000 彩色，大于 SO20000 黑白（SMPTE 标准）；

分辨率：全分辨率 1280×1024 下，最大速度 2000 fps/s；

比特长 10 bits、8 bits(延长记录时间)、12 bits(延长动态范围)；

分辨率可变领域：以 16×4 像素区域递增的可连续调节区域。

### 3. 2. 2　单轴压缩声波测定实验系统

该实验采用实验室自主设计的煤岩三轴加载声电测试系统，如图 3-9 所示。该系统由应力加载系统、声电参数测量腔体、温度控制系统、声波发射系统、数据采集系统及 LCR 电性参数测试仪等组成。

图 3-9　煤岩三轴加载声电测试系统

1. 应力加载系统

应力加载系统能进行单轴及准三轴的应力加载，以水作为加力介质与声电测量腔体相连，轴向压力及围压的测量范围为 0~16 MPa，精度可达到 0.01 MPa。水力加载系统如图 3-10 所示。

图 3-10　水力加载系统

## 2. 声电参数测量腔体

声电参数测量腔体主要由煤岩室、声波换能器及外壳组成，能够进行三轴条件下声波及电性参数的实验研究，装置实物及系统结构示意如图 3-11 所示。

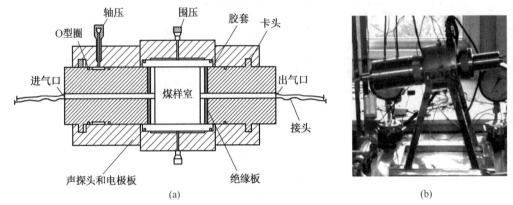

(a)                                (b)

图 3-11　声电参数测量腔体装置实物及系统结构示意图

## 3. 声波发射系统

声波发射系统是与声电测量腔体相连接，由西南石油大学重点实验室开发的声波发射器，如图 3-12 所示。发射器的额定电流是 500 mA，电压是 9 V，能够同时实现测量横波与纵波的速度。

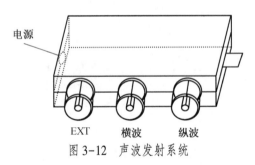

图 3-12　声波发射系统

## 4. 数据采集系统

数据采集系统采用安捷伦公司生产的 DSO7012B 型双通道示波器，如图 3-13 所示，能够同时采集声波在介质传播过程中的横波与纵波的速度。

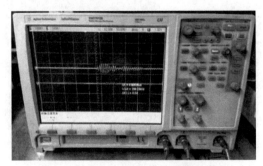

图 3-13　DSO7012B 型双通道示波器

5. 温度控制系统

温度控制系统采用常州科技有限公司生产的 ES-Ⅲ型温度控制仪，可测量范围为 0~200 ℃，温度分辨率为 0.1 ℃，如图 3-14 所示。

图 3-14　ES-Ⅲ型温度控制仪

## 3.3　实验方案

### 3.3.1　单轴压缩实验方案

1. 实验目的

单轴压缩实验使用的煤样品尺度分为 $\phi50$ mm×100 mm 和 $\phi75$ mm×150 mm 两种，共进行了 10 组煤样品的单轴压缩实验，两个矿的煤样各 5 组。根据《岩石物理力学性质试验规程　第 18 部分：岩石单轴抗压强度试验》（DZ/T 0276.18—2015）要求，确定应力加载速率为 0.5 MPa/s，获得煤岩单轴加载过程中电磁辐射、电性参数、声发射、应力、应变变化及裂纹变化特征，分析煤岩损伤变形过程中，电磁辐射、电性参数、声发射及裂纹变化规律。

2. 实验内容

（1）原煤样品进行单轴压缩破坏声发射、电性参数、电磁辐射和裂纹观测实验。

（2）研究单轴压缩破坏过程中声发射、电性参数及电磁辐射信号特征。

（3）研究单轴压缩破坏过程中表面裂纹的扩展特征。

3. 实验原理

煤岩单轴抗压强度试验是在实验室内测试尺寸小、有规则形状岩石试件单轴抗压强度的方法，即在没有侧向限制条件下，只受轴向应力作用破坏时，单位面积上所承受的荷载，其单轴抗压强度 $\sigma_c$ 可表示为岩石达到破坏强度的轴向最大压力 $p_c$ 与受压面积 $A$ 的比值，公式如下：

$$\sigma_c = \frac{p_c}{A} \tag{3-1}$$

式中　$\sigma_c$——试件单轴抗压强度，MPa；

　　　$p_c$——试件破坏荷载，kN；

　　　$A$——试件横截面积，m²。

许多学者对岩石在单轴压缩下的变形规律进行了大量研究，一般的应力-应变过程分为 5 个阶段，如图 3-15 所示。

（1）$OA$ 微裂隙压密阶段，此阶段中，应力-应变曲线上凹，应力梯度变化较小，应变梯度变化较大，岩石内部微裂隙受外部压力闭合，岩石试件体积减小，会伴随有少量声

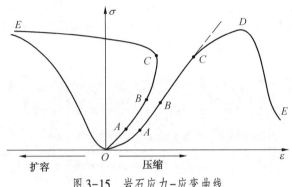

图 3-15 岩石应力-应变曲线

发射事件。

（2）AB 线弹性变形阶段，此阶段中，应力-应变保持线性关系，服从胡克定律，岩石试件体积继续减小，原始微裂隙继续被压密，如果在此阶段终点屈服极限前卸压，试件将恢复原样。

（3）BC 微裂隙稳定发展阶段，此阶段中，试件主要表现为屈服塑性变形，内部新的微裂纹产生并且呈稳定状态发展，当外部荷载应力保持不变时，微裂纹的产生也停止，C 点为屈服极限。

（4）CD 裂隙非稳定发展破裂阶段，此阶段内部裂纹形成速度加快，裂纹呈现非稳定发展并且密度加大，直至试件完全破坏。试件由体积压缩转为扩容，轴向应变和体积应变速率迅速增大，此阶段的上界应力 D 点为单轴抗压强度。

（5）DE 破坏阶段，D 点峰值强度之后，外部压力超过试件单轴抗压强度，应变曲线出现拐点，横向应变明显增大，试件在平行加载方向或斜交方向的裂隙迅速扩展，扩展结交形成滑动面，使试件完全破坏。

对于煤岩单轴压缩实验，影响因素较多，包括煤岩试件本身的性质，尺寸效应、端头效应、加载速率、温度及湿度等。实验根据《岩石物理力学性质试验规程　第 18 部分：岩石单轴抗压强度试验》（DZ/T 0276.18—2015）要求，采用圆柱形尺寸为 $\phi 50$ mm×100 mm 和 $\phi 75$ mm×150 mm 两种试件。试件处于常温天然含水状态，高径比为 1:2，加载速率为 0.5 MPa/s。由于加载过程中存在端头效应，即试件上端面在加载过程中与加压板之间因摩擦作用，形成上端部剪应力，为避免端头效应产生的影响，在实验过程中，在加压板和试件端面接触部位涂抹凡士林以降低摩擦作用。

### 3.3.2　短时蠕变实验方案

蠕变实验研究使用的煤样品与单轴压缩实验样品一致（制作方法参考 3.1 节），试样尺寸分为 $\phi 50$ mm×100 mm 和 $\phi 75$ mm×150 mm 两种。共进行了 10 组煤样品的单轴蠕变实验，两个矿的煤样各 5 组。采用的实验系统与单轴压缩实验一致。此次蠕变实验的加载方式采用单轴分级加载方式，应力加载速率为 0.5 MPa/s。由于天然岩石和煤本身具有非均质性及各向异性，即使在同一块原始岩石和煤中，取下的不同样品之间的力学性质也存在不少差异，所以对于蠕变实验样品不能准确地知道每一个样品的单轴抗压强度 $\sigma_c$，每个分级加载的应力水平需依据常规单轴抗压强度 $\sigma_c$ 的平均值来确定，即按照单轴抗压强度 $\sigma_c$ 的平均值的 10%、30%、50%、70% 及 90% 直至试件破坏为止，分级荷载的持续时间为

7200 s 即 2 h。

1. 实验目的

研究获得煤岩单轴分级加载蠕变过程中应力、应变、电磁辐射、电性参数、声发射及裂纹变化特征，分析煤岩蠕变损伤变形过程中相关参数变化规律。

2. 实验内容

（1）原煤样品进行单轴蠕变声发射、电阻率、电磁辐射及裂纹观测实验。

（2）研究蠕变过程中声发射、电性参数及电磁辐射信号特征。

（3）研究煤单轴分级加载蠕变过程中表面裂纹的扩展特征。

3. 实验原理

蠕变也称为缓慢变形，即在应力保持不变的情况下，固体材料的应变随时间变化而出现不断增加的现象。煤岩材料在实验室进行的蠕变实验，近几年研究较多，包括单轴分级及三轴加载等。此次实验要结合煤样材料表面的裂纹在蠕变过程中的开裂情况，并且单轴压缩分级加载对煤岩长期力学性质比较有效。因此，该实验进行了煤样单轴压缩分级增量加载实验，轴向应力 $\sigma$ 的加载路径如图 3-16 所示，其中 $\Delta\sigma$ 为轴向应力分级加载增量，$\Delta t$ 为分级加载时间。

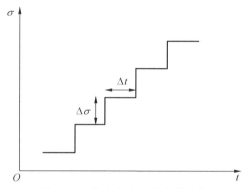

图 3-16　轴向应力 $\sigma$ 的加载路径

图 3-17 给出了单轴单级加载下岩石材料典型的蠕变变化规律，当外界所施加的应力小于或接近岩石长期强度时，如图 3-17 中曲线 1 所示，蠕变阶段只出现 AB 减速蠕变和 BC 等速蠕变阶段，其蠕变应变最终趋于稳定值。当外界所施加的应力接近岩石抗压强度时，如图 3-17 中曲线 3 所示，无明显蠕变反应阶段，蠕变应变会以近似直线状态发展直至破坏。当外界所施加应力介于两者之间时，会出现图 3-17 中曲线 2 所示的蠕变典型 3 阶段：第一阶段为减速蠕变阶段即瞬时蠕变阶段，包括加载时瞬时产生的初始弹性和塑性应变变形 OA 阶段，以及随时间增加应变变形速率以递减形式变化的 AB 阶段；第二阶段为等速蠕变阶段即稳态蠕变阶段，此 BC 阶段应变变形速率为稳定状态；第三阶段为加速蠕变直至破坏阶段，此 CD 阶段应变变形速率为加速增长状态直至材料破坏。

### 3.3.3　单轴压缩声波测定实验方案

实验采用圆柱形尺寸为 $\phi$25 mm×50 mm 的试样，实验测试温度设定为 25 ℃，自然含水状态下煤在不同轴向压力条件下纵横波速的变化规律，即围压为 0 MPa，轴压分别为 0.5 MPa、1 MPa、1.5 MPa、2 MPa、2.5 MPa、3 MPa、3.5 MPa、4 MPa、4.5 MPa、

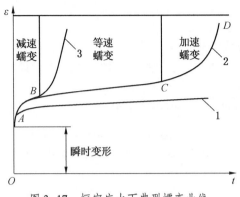

图 3-17　恒定应力下典型蠕变曲线

5 MPa、5.5 MPa、6 MPa、6.5 MPa、7 MPa、7.5 MPa、8 MPa、8.5 MPa、9 MPa、9.5 MPa、10 MPa、10.5 MPa 压力下，纵横波速的变化规律，每一个压力下保持 30 min 的稳压时间，并且记录相应的纵横波的到时。

测量声波的原理是通过声波的激发和接收装置，让声波在单位时间内传播经过单位长度的样品介质，就可以确定相应的波速，原理如图 3-18 所示。波速的计算公式为

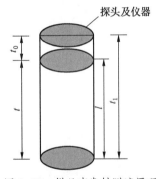

图 3-18　样品声发射测试原理

$$V = \frac{l}{t} = \frac{l}{t_1 - t_0} \tag{3-2}$$

式中　$V$——声波波速；

　　　　$l$——样品长度；

　　　　$t$——声波穿过样品介质的时间；

　　　　$t_1$——声波穿过仪器及样品介质的时间；

　　　　$t_0$——声波穿过仪器的时间。

对于声波经过实验装置产生的延迟误差 $t_0$，需要将声波换能器中的声发射接收端和发射端单独拿出固定在支架上，将凡士林涂抹在探头表面后接触，在示波器上测出系统的延迟时间 $t_0 = 4.95$ μs。

## 3.4　实验结果与分析

### 3.4.1　单轴压缩力学特性及声发射信号分析

通过对余吾矿 3 号煤和砂墩子矿 4 号煤的单轴压缩破坏实验得到了加载应力-时间、声发射振铃计数-时间及能量等相关参数的分布特征，由于篇幅限制仅对两个矿两种尺度的各 1 组煤样品进行分析，其力学特性实验结果及煤样破坏形态见表 3-2 和图 3-19。余吾矿 Ywm1、Ywm4 样品的应力峰值分别为 4.08 MPa 和 8.98 MPa，破坏时间分别为 18.7 s 和 16.42 s，AE 振铃计数率峰值分别为 11618 和 12743，AE 能量峰值分别为 $5 \times 10^8$ 和 $1 \times 10^9$；砂墩子矿 Sm1、Sm4 样品的应力峰值分别为 9.82 MPa 和 9.35 MPa，破坏时间分别为 67.2 s 和 24.3 s，AE 振铃计数率峰值分别为 423 和 11126，AE 能量峰值分别为 $5.6 \times 10^7$ 和 $3.1 \times 10^9$。如图 3-20、图 3-21 所示，在整个煤样单轴受载破坏过程中，声发射振铃计数及能量等特征参数随应力加载的变化、煤岩破坏的不同而呈现不同的分布。

表 3-2　煤样品力学特性实验结果

| 编号 | 尺寸（φ×h）/（mm×mm） | 煤种类 | 弹性模量/GPa | 泊松比 | 密度/（g·cm⁻³） | 抗压强度/MPa |
|---|---|---|---|---|---|---|
| Ywm1 | 49.4×105 | 3 号煤 | 2.51 | 0.17 | 1.39 | 4.08 |
| Ywm4 | 73.2×152.5 | 3 号煤 | 3.32 | 0.13 | 1.41 | 8.95 |
| Sm1 | 49.59×100.26 | 4 号煤 | 3.54 | 0.15 | 1.32 | 9.82 |
| Sm4 | 74×151.2 | 4 号煤 | 3.91 | 0.21 | 1.33 | 9.35 |

(a) Ywm1

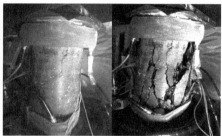
(b) Ywm4

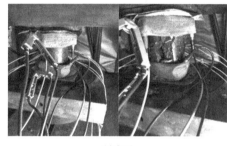

(c) Sm1

(d) Sm4

图 3-19　煤样破坏形态

（1）OA 初始压密阶段，应力加载初期，原始煤岩的微孔或缺陷在外部应力的作用下被压实，几乎无新的裂纹产生。此阶段余吾矿和砂墩子矿样品的 AE 振铃计数率均在 $10^0 \sim 10^2$ 之间，AE 能量量级达到 $10^4$，声发射事件相对较少，振铃计数低，AE 能量量级也较低。

（2）AB 弹性阶段，煤岩应力-应变曲线近似直线，应变速率接近一个稳定值。此阶段余吾矿和砂墩子矿样品的 AE 振铃计数率在 $10^0 \sim 10^3$ 之间，AE 能量量级达到 $10^4$，声发射事件相对初始压密阶段有一定减少，振铃计数和 AE 能量仍处于较低水平。但是 Sm4 样品的 AE 振铃计数在弹性阶段已经上升一个水平能达到 $10^3$，并且出现了一次峰值，AE 能量也相应上升了一个水平量级处在 $10^7 \sim 10^9$ 之间，最高达到 $2 \times 10^9$。该阶段振铃计数和 AE 能量总体比压密阶段有一定增加，这可能由于 Sm4 样品是 75 mm 大直径样品，表面存在一定缺陷导致在弹性阶段出现了振铃计数和能量的明显增长。

（3）BC 屈服阶段，此阶段煤岩应力-应变曲线偏离直线，样品试件内部开始产生新的微小裂纹或裂隙。随着应力不断增大，新裂纹不断扩展直至进入非稳定发展阶段，此阶段余吾矿和砂墩子矿样品的 AE 振铃计数率在 $10 \sim 10^4$ 之间，其中 $10^3$ 以上的计数率占主体，AE 能量量级达到 $10^5 \sim 10^9$。此阶段振铃计数率开始活跃，尤其 Ywm4 样品的振铃计数率及 AE 能量在此阶段出现了最大值，微裂纹的形成及稳定发展是此阶段产生声发射信号的主要原因。

（4）CD 非稳定发展阶段，此阶段煤岩内部裂纹形成速度加快，裂纹呈现非稳定发展并且密度加大。此阶段初期余吾矿和砂墩子矿样品的 AE 振铃计数率和能量都出现了峰值，振铃计数率多数处在 $10^3 \sim 10^4$ 之间，AE 能量大部分处在 $10^7 \sim 10^9$ 之间，峰值过后到达抗压强度点前出现了 AE 振铃计数率和能量分布的平静期。

（5）DE 破坏阶段，D 点峰值强度之后，随着外部应力载荷的继续增加，试件内部产生的微裂纹进一步扩展形成主裂纹，在试件的内外部会沿着主裂纹出现宏观断裂。此阶段余吾矿和砂墩子矿样品的 AE 振铃计数率和能量分布都较密集，余吾矿样品出现了能量达到最大峰值的声发射事件，砂墩子矿煤样能量达到最大峰值的声发射事件出现在 CD 阶段。

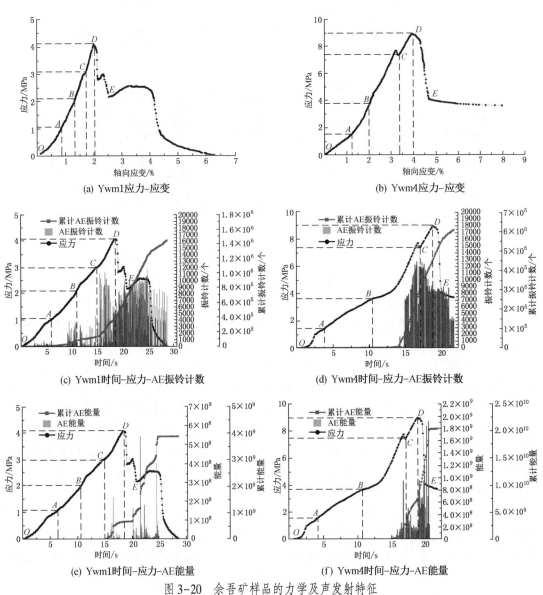

图 3-20　余吾矿样品的力学及声发射特征

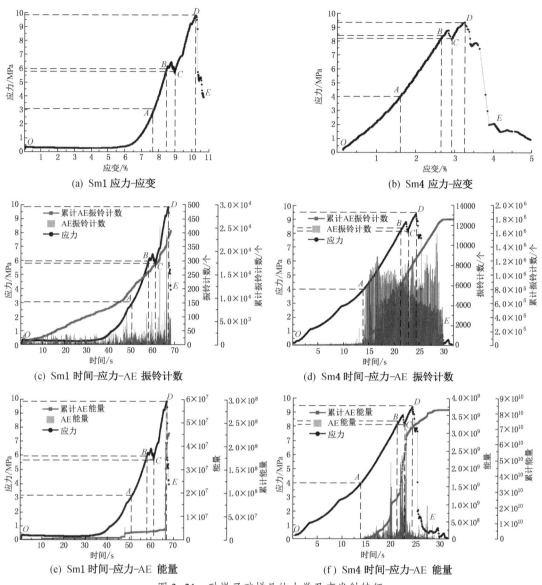

(a) Sm1 应力-应变

(b) Sm4 应力-应变

(c) Sm1 时间-应力-AE 振铃计数

(d) Sm4 时间-应力-AE 振铃计数

(e) Sm1 时间-应力-AE 能量

(f) Sm4 时间-应力-AE 能量

图 3-21 砂墩子矿样品的力学及声发射特征

### 3.4.2 单轴压缩电性参数及电磁辐射信号分析

煤岩材料的电性参数是研究煤岩电磁辐射传播的主要基础参数，包括介电特性与导电特性两方面。声发射监测的同时，进行了电性参数和电磁辐射的监测。

对于描述煤岩电阻特性的电阻率 $\rho$ 和描述煤岩介电性的相对介电常数 $\varepsilon_r$，根据 LCR 检测仪的工作原理，可以通过以下公式进行换算。

电阻率 $\rho$ 可表示为

$$R = |Z|\cos\theta \tag{3-3}$$

式中　$R$——电阻，$\Omega$；

　　　$Z$——阻抗值，$\Omega$；

　　　$\theta$——相位角，(°)。

$$\rho = |Z|\cos\theta \frac{S}{L} = R\frac{S}{L} \tag{3-4}$$

式中　$S$——样品的横截面积，$m^2$；

　　　$L$——样品长度，m。

相对介电常数 $\varepsilon_r$ 可表示为

$$\varepsilon_r = \frac{CL}{S\varepsilon_0} \tag{3-5}$$

式中　$C$——电介质电容，F；

　　　$S$——样品的横截面积，$m^2$；

　　　$L$——样品长度，m；

　　　$\varepsilon_0$——真空绝对介电常数，数值为 $8.85\times10^{-12}$，F/m。

采用的 LCR 测试仪测量频率范围为 42 kHz~5 MHz。前人的研究显示：测试频率对煤岩的电性参数有较大影响，对于受载煤岩主要研究低频段电磁辐射信号传播规律，所以实验的测试频率为 10 kHz，这一测试频率也是矿井直流电法勘探中采用的频率，陈鹏、孟磊等的研究也较多地采用了这一测试频率。研究表明煤岩中的层理结构会导致电阻率明显的方向性，平行层理方向的电阻率小于垂直层理方向的电阻率，由于此次实验使用的样品均沿垂直层理方向打钻制作，所以实验中只研究煤岩在垂直层理方向上的电性参数变化。

电性参数及电磁辐射特征如图 3-22、图 3-23 所示。余吾矿和砂墩子矿的样品在单轴压缩过程中，EME 脉冲数分别出现 2~3 次峰值，Ywm1 最大峰值出现在应力峰值之后达到 514，Ywm4 最大峰值出现在应力峰值之前达到 207；Sm1 和 Sm4 最大峰值出现在应力峰值之前分别为 400 和 702；两矿样品的电阻率在应力峰值之前，随着应力的增加，总体处于降低的趋势，应力峰值之后出现大幅度增加；相对介电常数在应力峰值之前，随着应力的增加，总体处于增加的趋势，应力峰值之后出现大幅度降低。

（1）OA 初始压密阶段，原始煤岩的微孔或缺陷在外部应力的作用下被压实，此阶段余吾矿和砂墩子矿样品的 EME 脉冲数均出现了 1~2 次峰值，而电阻率变化波动不大，基本在 $10^5$~$10^7$ Ωm 之间波动，相对介电常数在 0.03~22 F/m 之间波动。

（2）AB 弹性阶段，煤岩应力-应变曲线近似直线，应变速率接近稳定值，此阶段余吾矿和砂墩子矿样品的 EME 脉冲数有所降低，电阻率大幅度降低并且变化曲线接近线性变化，基本在 $10^5$~$10^6$ Ωm 之间波动，比 OA 阶段降低了一个数量级，相对介电常数出现较大增加，在 0.7~22 F/m 之间波动，但是砂墩子矿煤样的电阻率和相对介电常数比余吾矿煤样波动大一些。

（3）BC 屈服阶段，此阶段煤岩应力-应变曲线偏离直线，新裂纹不断扩展直至进入非稳定发展阶段，此阶段余吾矿和砂墩子矿样品的 EME 脉冲数较上一个阶段变化幅度不大，余吾矿煤样的电阻率较上一个阶段出现较大波动，相对介电常数也出现先减小后增大的趋势；砂墩子矿煤样的电阻率变化幅度不大，相对介电常数出现一定程度的上升。主要原因可能是微裂纹的形成及稳定发展造成电阻率和相对介电常数发生变化。

（4）CD 非稳定发展阶段，此阶段煤岩内部裂纹形成速度加快，裂纹呈现非稳定发展，此阶段余吾矿和砂墩子矿样品的 EME 脉冲数在应力达到峰值之前都出现了一次脉冲峰值，范围在 400~700 之间，峰值后到应力峰值前，脉冲数也出现分布的平静期。此阶段电阻率

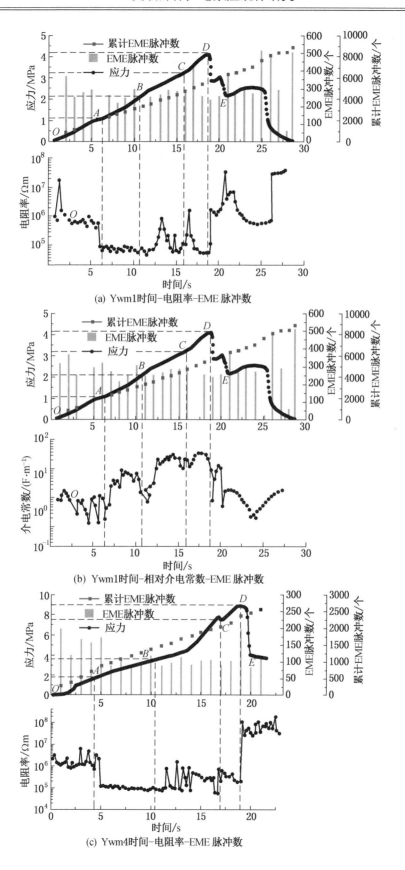

(a) Ywm1时间-电阻率-EME 脉冲数

(b) Ywm1时间-相对介电常数-EME 脉冲数

(c) Ywm4时间-电阻率-EME 脉冲数

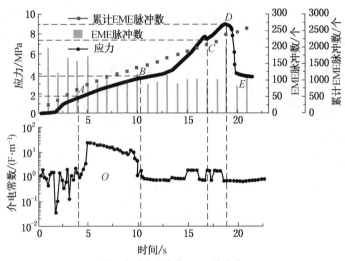

(d) Ywm4时间-相对介电常数-EME 脉冲数

图 3-22　余吾矿煤样电性参数及电磁辐射特征

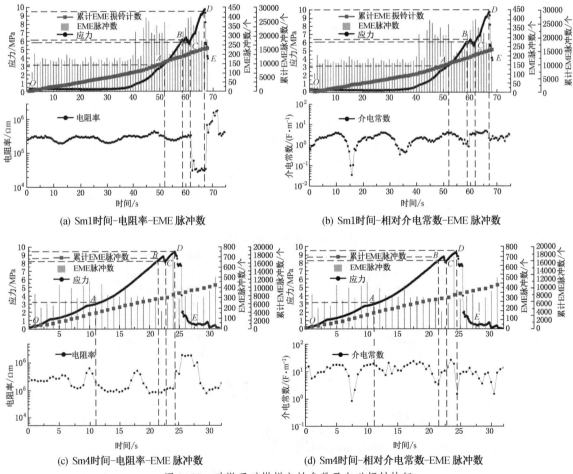

(a) Sm1时间-电阻率-EME 脉冲数　　　　　　　(b) Sm1时间-相对介电常数-EME 脉冲数

(c) Sm4时间-电阻率-EME 脉冲数　　　　　　　(d) Sm4时间-相对介电常数-EME 脉冲数

图 3-23　砂墩子矿煤样电性参数及电磁辐射特征

在应力峰值之前，都出现下降的趋势，相对介电常数与上一个阶段变化较为接近。

（5）$DE$ 破坏阶段，$D$ 点峰值强度之后，随着外部应力的增加，试件内部微裂纹会形成主裂纹，此阶段余吾矿和砂墩子矿样品的 EME 脉冲数出现较大幅度降低，并且电阻率出现较大幅度增长，相对介电常数出现较大幅度降低。

### 3.4.3 短时蠕变变形及声发射信号分析

该实验使用的样品及尺寸与单轴压缩破坏实验一致，由于篇幅限制仅对两个矿两种尺度的各一组样品的蠕变-声发射特征进行分析，其分级加载蠕变特性实验结果及受载破坏形态见表 3-3 和图 3-24。

表 3-3　蠕变特性实验结果

| 编号 | 尺寸 $(\phi \times h)/(\text{mm} \times \text{mm})$ | 煤样种类 | 轴向应变量/$10^{-2}\ \varepsilon$ | | |
|---|---|---|---|---|---|
| | | | 分级加载蠕变初期 | 分级加载蠕变中期 | 分级加载蠕变加速期 |
| Ywrbm1 | 49.51×103.24 | 3 号煤 | 0.131 | 0.432 | 2.321 |
| Ywrbm4 | 73.32×152.06 | 3 号煤 | 0.064 | 0.24 | 2.76 |
| Srbm1 | 50.13×100.82 | 4 号煤 | 0.072 | 0.403 | 3.723 |
| Srbm4 | 74.06×151.53 | 4 号煤 | 0.043 | 0.189 | 0.868 |

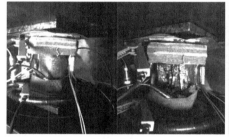

(a) Ywrbm1

(b) Ywrbm4

(c) Srbm1

(d) Srbm4

图 3-24　受载破坏形态

余吾矿 3 号煤和砂墩子矿 4 号煤样品蠕变应变-时间、声发射振铃计数-时间及能量等相关参数的分布，如图 3-25、图 3-26 所示。分级加载蠕变过程按照蠕变变形量分为：分级加载蠕变变形初期，即对于小尺寸样品加载应力小于 2 MPa，大尺寸样品加载应力小于 3.6 MPa，此阶段蠕变变形量较小；分级加载蠕变变形中期，即对于小尺寸样品加载应力为 2~14 MPa，大尺寸样品加载应力为 3.6~6 MPa，此阶段有明显的蠕变变形量，没有加速蠕变过程；分级加载蠕变加速期，即对于小尺寸样品加载应力大于 14 MPa，大尺寸样品加载应力大于 6 MPa，此阶段常速蠕变非常短，加速蠕变较为明显。Ywrbm1 和 Ywrbm4

样品轴向变形的总应变分别为 $2.884\times10^{-2}\varepsilon$、$3.06\times10^{2}\varepsilon$，破坏时间分别为 75742.3 s、28924.3 s；Srbm1 和 Srbm4 样品在蠕变过程中，轴向变形的总应变分别为 $4.198\times10^{-2}\varepsilon$、$1.1\times10^{-2}\varepsilon$，破坏时间分别为 75348.7 s、28907.9 s。

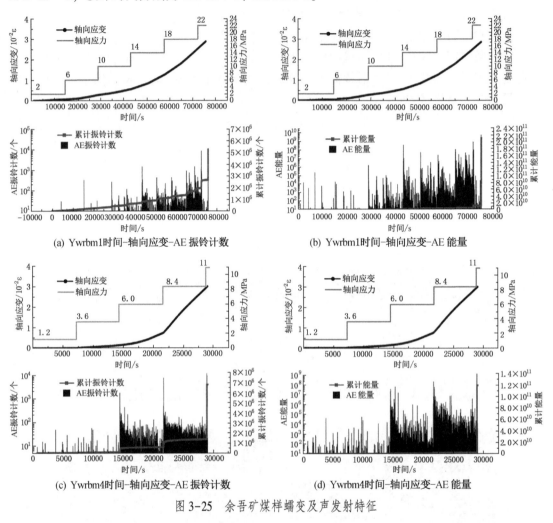

(a) Ywrbm1时间-轴向应变-AE 振铃计数　　　　(b) Ywrbm1时间-轴向应变-AE 能量

(c) Ywrbm4时间-轴向应变-AE 振铃计数　　　　(d) Ywrbm4时间-轴向应变-AE 能量

图 3-25　余吾矿煤样蠕变及声发射特征

(a) Srbm1时间-轴向应变-AE 振铃计数　　　　(b) Srbm1时间-轴向应变-AE 能量

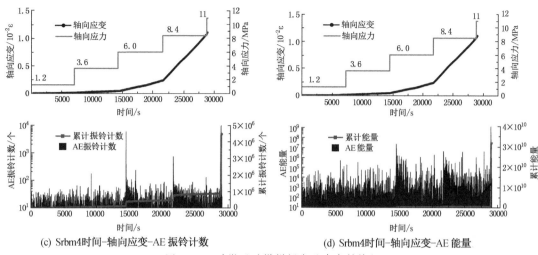

(c) Srbm4时间-轴向应变-AE 振铃计数　　　　(d) Srbm4时间-轴向应变-AE 能量

图 3-26　砂墩子矿煤样蠕变及声发射特征

在分级加载蠕变变形初期，余吾矿和砂墩子矿煤样的 AE 振铃计数率均在 $10^0 \sim 10^1$ 之间，AE 能量量级处在 $10^1 \sim 10^3$ 水平，振铃计数及 AE 能量量级都处于较低水平。在分级加载蠕变变形中期，AE 振铃计数率处在 $10^0 \sim 10^3$ 之间，大部分振铃计数处在 $10^0 \sim 10^2$ 之间，少数振铃计数达到 $10^3$，AE 能量量级处在 $10^0 \sim 10^7$ 之间，大部分能量量级处在 $10^0 \sim 10^4$ 之间，少数能量量级达到 $10^5 \sim 10^6$。在分级加载蠕变加速期，AE 振铃计数率处在 $10^0 \sim 10^4$ 之间，AE 能量量级处在 $10^0 \sim 10^9$ 之间，余吾矿煤样最大振铃计数分别达到 11472、11702，最大能量分别达到 $5.6 \times 10^9$、$2.8 \times 10^9$，并且发生在样品断裂前。砂墩子矿煤样的最大振铃计数分别达到 8053、11457，最大能量分别为 $1.96 \times 10^9$ 和 $2.29 \times 10^9$，并且也发生在样品断裂前。

### 3.4.4　短时蠕变电性参数及电磁辐射信号分析

1. 蠕变电性参数变化分析

在分级加载蠕变变形初期，如图 3-27 所示，Ywrbm1 和 Ywrbm4 样品的电阻率分别处在 $7481 \sim 8957$ Ωm 和 $5.5 \times 10^5 \sim 5.7 \times 10^7$ Ωm 之间，均在近似直线的窄幅区域震荡，这一区域电阻率的均值分别为 8077 Ωm 和 $1.9 \times 10^6$ Ωm；相对介电常数分别处在 $5 \sim 32$ F/m 和 $2 \times 10^{-4} \sim 3.5$ F/m 之间，在近似直线的窄幅区域震荡，这一区域相对介电常数的均值分别为 17 F/m 和 1.2 F/m；在此阶段后期出现了一定程度的宽幅震荡。如图 3-28 所示，Srbm1 和 Srbm4 样品的电阻率分别处在 $2 \times 10^5 \sim 1.8 \times 10^8$ Ωm 和 $7.4 \times 10^5 \sim 1.6 \times 10^8$ Ωm 之间，在近似直线的区域宽幅震荡，这一区域电阻率的均值为 $2 \times 10^6$ Ωm 和 $4.2 \times 10^6$ Ωm；相对介电常数也是处在一个近似直线的宽幅震荡，区间分别为 $0.01 \sim 9$ F/m 和 $4.5 \times 10^{-6} \sim 2.8$ F/m，这一区域相对介电常数的均值为 4 F/m 和 1.1 F/m。

在分级加载蠕变变形中期，Ywrbm1 和 Ywrbm4 样品的电阻率出现了明显的宽幅震荡，区间分别为 $4673 \sim 14556$ Ωm 和 $6 \times 10^5 \sim 1.1 \times 10^7$ Ωm，均值为 7278 Ωm 和 $1.6 \times 10^6$ Ωm，相对介电常数也出现了宽幅震荡为 $0.04 \sim 162$ F/m 和 $3.7 \times 10^{-3} \sim 3$ F/m，均值为 58 F/m 和 1.5 F/m，但是从图像上可以看出，此阶段电阻率出现了明显的下降平台，相对介电常数整体比第 Ⅰ 阶段上升一个平台。

　　然而 Srbm1 和 Srbm4 样品的电阻率和相对介电常数仍然是宽幅震荡，电阻率区间分别为 $2.5×10^5 \sim 7×10^7$ Ωm 和 $8.9×10^4 \sim 7.2×10^7$ Ωm，这一区域电阻率的均值分别为 $1.1×10^6$ Ωm 和 $1.2×10^6$ Ωm，相对介电常数区间分别为 $0.01 \sim 26.7$ F/m 和 $0.03 \sim 20.7$ F/m，这一区域相对介电常数的均值为 11.5 F/m 和 8.8 F/m，在此阶段，电阻率出现了明显的下降平台，相对介电常数则是出现了明显的上升平台。

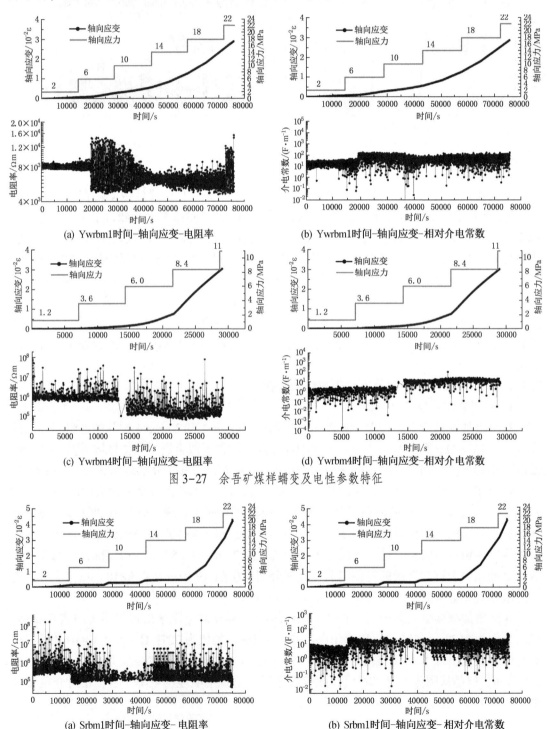

(a) Ywrbm1时间-轴向应变-电阻率　　　　(b) Ywrbm1时间-轴向应变-相对介电常数

(c) Ywrbm4时间-轴向应变-电阻率　　　　(d) Ywrbm4时间-轴向应变-相对介电常数

图 3-27　余吾矿煤样蠕变及电性参数特征

(a) Srbm1时间-轴向应变-电阻率　　　　(b) Srbm1时间-轴向应变-相对介电常数

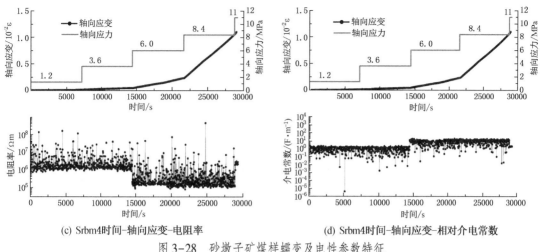

(c) Srbm4时间-轴向应变-电阻率 　　　　　(d) Srbm4时间-轴向应变-相对介电常数

图 3-28　砂墩子矿煤样蠕变及电性参数特征

在分级加载蠕变变形加速期，Ywrbm1 和 Ywrbm4 样品的电阻率区间分别为 4609～9002 Ωm 和 $3×10^5$～$8×10^7$ Ωm，平均值分别为 6098 Ωm 和 $6×10^5$ Ωm；相对介电常数区间分别为 0.18～158 F/m 和 0.03～109 F/m，平均值分别为 65.9 F/m 和 14 F/m。在初期阶段电阻率和相对介电常数均处在一个窄幅震荡阶段，实际上此阶段的电阻率有进一步下降的趋势，相对介电常数有进一步上升的趋势，在此阶段末期电阻率出现了宽幅震荡及震荡高点，相对介电常数则出现了震荡低点。

然而 Srbm1 和 Srbm4 样品的电阻率仍然处于宽幅震荡阶段，区间分别为 $4×10^4$～$2×10^8$ Ωm 和 $7.9×10^4$～$4.4×10^8$ Ωm，平均值分别为 $1.2×10^6$ Ωm 和 $1.1×10^6$ Ωm，但是与前一阶段相比，个别高点出现了进一步的降低直到阶段末期，在末期也出现了电阻率的震荡高点；相对介电常数也出现了明显的宽幅震荡，区间分别为 0.07～47 F/m 和 0.02～19 F/m，平均值分别为 11.7 F/m 和 10 F/m，与前一阶段相比出现了进一步的上升直到阶段末期，在末期也出现了相对介电常数的震荡低点。

2. 蠕变电磁辐射变化分析

如图 3-29 所示，在分级加载蠕变变形初期，Ywrbm1 和 Ywrbm4 样品的电磁辐射强度均为 3.0～4.1 mV，平均值分别为 3.31 mV 和 3.41 mV，电磁辐射脉冲数分别为 7～126 和

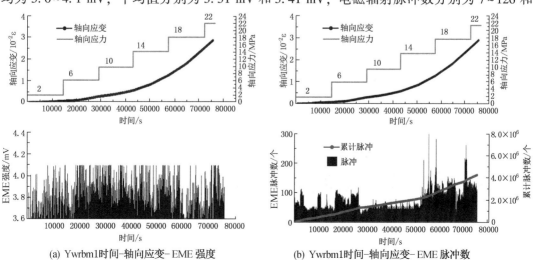

(a) Ywrbm1时间-轴向应变-EME 强度 　　　　(b) Ywrbm1时间-轴向应变-EME 脉冲数

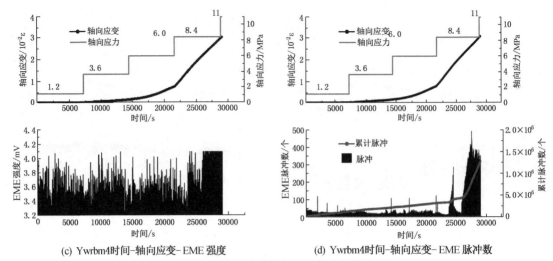

(c) Ywrbm4时间-轴向应变-EME 强度

(d) Ywrbm4时间-轴向应变-EME 脉冲数

图 3-29　余吾矿煤样蠕变及电磁辐射特征

1~226，平均值分别为 45 和 16。如图 3-30 所示，Srbm1 和 Srbm4 样品的电磁辐射强度均为 3.14~4.1 mV，平均值分别为 3.6 mV 和 3.65 mV，电磁辐射脉冲数分别为 8~960 和 4~390，平均值分别为 65 和 44。

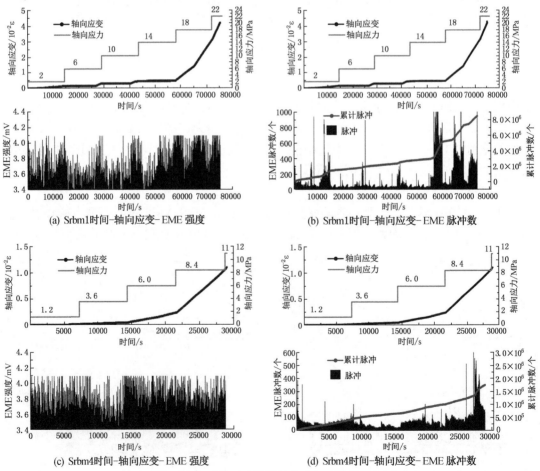

(a) Srbm1时间-轴向应变-EME 强度

(b) Srbm1时间-轴向应变-EME 脉冲数

(c) Srbm4时间-轴向应变-EME 强度

(d) Srbm4时间-轴向应变-EME 脉冲数

图 3-30　砂墩子矿煤样蠕变及电磁辐射特征

在分级加载蠕变变形中期，Ywrbm1 和 Ywrbm4 样品的电磁辐射强度均为 3.14 ~ 4.1 mV，平均值分别为 3.24 mV 和 3.38 mV，电磁辐射脉冲数分别为 5 ~ 120 和 1 ~ 105，平均值分别为 39 和 12；Srbm1 和 Srbm4 样品的电磁辐射强度均为 3~4.1 mV，平均值分别为 3.58 mV 和 3.65 mV，电磁辐射脉冲数分别为 8 ~ 906 和 4 ~ 203，平均值分别为 107 和 46。

在分级加载蠕变变形加速期，Ywrbm1 和 Ywrbm4 样品的电磁辐射强度均为 3.17 ~ 4.1 mV，平均值分别为 3.75 mV 和 3.6 mV，电磁辐射脉冲数分别为 4~459 和 1~493，平均值分别为 75 和 92；Srbm1 和 Srbm4 样品的电磁辐射强度均为 3.17~4.1 mV，平均值分别为 3.72 mV 和 3.7 mV，电磁辐射脉冲数分别为 8~2106 和 4~606，平均值分别为 223 和 105。

在整个蠕变过程中，余吾矿与砂墩子矿的样品在分级加载蠕变变形初期，电磁辐射强度和脉冲数还处于较低水平，虽然电磁辐射强度达到或超过 4 mV，但是出现频次不多；在蠕变变形中期，电磁辐射强度有所下降，脉冲数出现了明显的下降；在分级加载蠕变变形加速期，电磁辐射强度和脉冲数均达到较高水平，电磁辐射强度达到或超过 4 mV 的频次明显增多，而且脉冲数在样品发生断裂前出现较高值。

### 3.4.5 单轴压缩应力与声波波速测定结果

由余吾矿 3 号煤和砂墩子矿 4 号煤样品单轴压缩破坏实验得到了应力-纵波波速的分布特征，如图 3-31、图 3-32 所示。在轴压为 0 MPa 时，Ywxm1、Ywxm2 和 Ywxm3 样品的纵波速度分别为 1778 m/s、1920 m/s 和 1472 m/s，Sxm1、Sxm2 和 Sxm3 样品的纵波速度分别为 1549 m/s、1473 m/s 和 1513 m/s；在应力峰值时，Ywxm1、Ywxm2 和 Ywxm3 样品的纵波速度分别为 1827 m/s、1947 m/s 和 1482 m/s，Sxm1、Sxm2 和 Sxm3 样品的纵波速度分别为 1581 m/s、1521 m/s 和 1851 m/s。

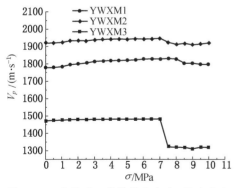
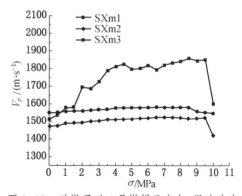

图 3-31 余吾矿 3 号煤样品应力-纵波波速 　　图 3-32 砂墩子矿 4 号煤样品应力-纵波波速

在整个煤样单轴受载破坏过程中，应力峰值前，纵波速度随单轴压力的增加而逐渐升高，在接近峰值附近，纵波速度的增加速率变缓，在峰值过后，纵波速度出现了急剧下降的趋势。这主要由于在加速变形初期和弹性变形阶段，煤岩介质内孔隙度减小，颗粒接触面积增大，从而导致纵波速度的增幅大于煤岩密度增大导致的波速降幅，因此出现随着加载应力的增加，纵波波速增大的趋势。然而当加载应力超过弹性强度极限时，煤岩介质会产生新的裂隙，波速增长会出现变缓的趋势直至变形破坏，出现纵波波速急剧下降的现象。

## 3.5　实验规律分析

### 3.5.1　破坏模式与声发射参数规律研究

目前对岩石脆性、塑性的判断，相关学者进行了大量研究，没有统一的判断标准。Heard 研究认为脆性破裂即峰值破裂前应变小于 3% 的破裂；D·Griggs 和 J·Handin 研究了大量岩石在较低围压下单轴压缩破坏特性并进行了分类和统计，将岩石的变形破坏分为脆性破坏、脆-延性过渡阶段与延性破坏。根据其研究，脆性破坏是指应力达到峰值前具有弹性特征，应力达到峰值时应变小于 1%，且达到峰值后直接跌落丧失承载能力的破坏，或应力达到峰值前具有弹塑性特征，应力达到峰值时应变处在 1%～5% 之间，且达到峰值后直接跌落丧失承载能力的破坏；延性破坏是指应力达到峰值时应变处在 5%～10% 以上，具备完整的岩石应力-应变曲线的破坏。Evans 研究认为岩石破坏时峰值应变小于 1% 的破坏为脆性破坏，峰值应变处在 1%～5% 之间的破坏为脆性-延性过渡，应变大于 5% 的破坏为延性破坏。在工程上通常以 5% 作为标准来划分，应变小于 5% 的为脆性材料，应变大于5% 的为塑性材料。

基于以上研究和工程上的一般标准，结合 2 个煤矿煤样各 4 组的应力-应变曲线，可以得出实验中余吾矿 3 号煤属于脆-延性破坏，砂墩子矿 4 号煤属于脆-延性破坏和延性破坏（图 3-33）。

对于两个矿煤样的单轴压缩声发射实验，由于采用声发射监测系统与应变片同步采集数据，对应变-时间数据经分析拟合后，可得出煤岩的应变变化与时间基本上呈现线性关系，其关系式为

$$\varepsilon = kt + \varepsilon_0 \tag{3-6}$$

式中　　$\varepsilon$——应变；

　　　　$k$——煤岩应变率；

　　　　$t$——时间；

　　　　$\varepsilon_0$——煤岩初始应变。

对累计声发射振铃计数与时间数据经分析拟合后（图 3-33），可得出 2 类函数关系：

第 1 类，当煤岩样为脆-延性破坏时，根据模拟比较，累计声发射振铃计数 $N$ 与时间 $t$ 的函数关系可用 Boltzmann 函数即 S 型函数表示，即

$$N = \frac{A_1 - A_2}{1 + \exp\left(\dfrac{t - B_1}{C}\right)} + A_2 \tag{3-7}$$

式中，$A_1$、$A_2$、$B_1$、$C$ 可由数据拟合得到。将式（3-6）代入式（3-7）计算可得

$$N = \frac{A_1 - A_2}{1 + \exp\left(\dfrac{\varepsilon - \varepsilon_0 - kB_1}{kC}\right)} + A_2 \tag{3-8}$$

式（3-8）建立了煤岩脆-延性破坏时，应变与累计振铃计数之间的耦合关系。

第 2 类，当煤岩样为延性破坏时，根据模拟比较，累计声发射振铃计数 $N$ 与时间 $t$ 的函数关系可用指数函数表示，即

$$N = A_1 \exp(B_1 t) + C \tag{3-9}$$

式中，$A_1$、$B_1$、$C$ 可由数据拟合得到。将式（3-6）代入式（3-9）计算可得

$$N = A_1 \exp\left[\frac{B_1(\varepsilon - \varepsilon_0)}{k}\right] + C \tag{3-10}$$

式（3-10）建立了煤岩延性破坏时，应变与累计振铃计数之间的耦合关系。

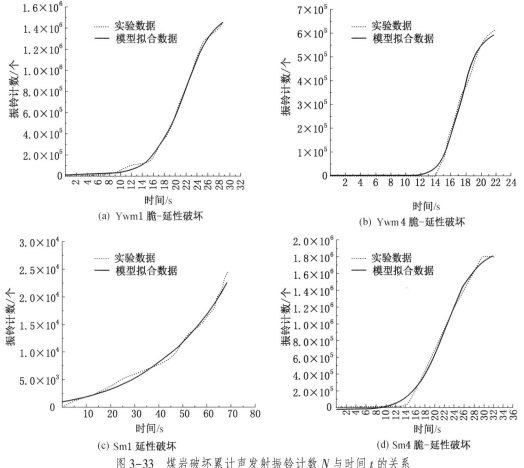

图 3-33　煤岩破坏累计声发射振铃计数 $N$ 与时间 $t$ 的关系

唐春安等在前人研究的基础上，假设岩石微元强度服从威布尔分布函数，得出了基于威布尔分布函数的岩石应力-应变本构模型和损伤模型，即

$$\sigma = E\varepsilon \exp\left(-\frac{\varepsilon^m}{\alpha}\right) \tag{3-11}$$

$$D = 1 - \exp\left(-\frac{\varepsilon^m}{\alpha}\right) \tag{3-12}$$

式中，$\alpha$、$m$ 分别为与岩石尺度和形状相关的常数。对于 $\alpha$、$m$ 参数的确定，杨明辉等研究了三轴岩石损伤软化统计本构模型参数，并给出了单轴应力条件下 Weibull 分布参数 $\alpha$、$m$ 的确定方法：

$$\begin{cases} m = \dfrac{1}{\ln\left(\dfrac{E\varepsilon_c}{\sigma_c}\right)} \\[4mm] \alpha = m\varepsilon_c^m \end{cases} \tag{3-13}$$

当煤岩为脆-延性破坏时，将式（3-8）、式（3-13）代入式（3-11）得出单轴应力状态下，不同破坏类型煤岩应力-应变-累计振铃计数关系（参数及参数拟合见表3-4）：

$$\sigma = E\varepsilon\exp\left[-\frac{k^m}{\alpha}\left(C\ln\frac{A_1 - N}{N - A_2} + B_1 + \frac{\varepsilon_0}{k}\right)^m\right] \tag{3-14}$$

当煤岩为延性破坏时，将式（3-10）、式（3-13）代入式（3-11）得出单轴应力状态下，不同破坏类型煤岩应力-应变-累计振铃计数关系（参数及参数拟合见表3-4）：

$$\sigma = E\varepsilon\exp\left[-\frac{1}{\alpha}\left(\frac{k}{B_1}\ln\frac{N - C}{A_1} + \varepsilon_0\right)^m\right] \tag{3-15}$$

表3-4 受载煤体 Weibull 参数及参数拟合

| 编号 | 破坏模式 | 模型拟合参数 | | | | | | Weibull 参数 | |
|---|---|---|---|---|---|---|---|---|---|
| | | $A_1$ | $A_2$ | $B_1$ | $C$ | $k$ | $\varepsilon_0 \times 10^{-6}$ | $m$ | $\alpha/10^{-4}$ |
| Ywm1 | 脆-延性破坏 | 13219.3 | $1.57 \times 10^6$ | 21.58 | 2.82 | 0.35 | 0.024 | 4.69 | 5.3 |
| Ywm4 | 脆-延性破坏 | -3230.1 | $6.1 \times 10^5$ | 17.22 | 1.24 | 0.24 | 0.105 | 2.59 | 6.2 |
| Sm1 | 延性破坏 | 2705.7 | | 0.032 | -1759.1 | 0.17 | 0.018 | 0.77 | 1330.7 |
| Sm4 | 脆-延性破坏 | -27761.2 | $1.9 \times 10^6$ | 22.06 | 3.2 | 0.09 | 0.16 | 3.22 | 0.53 |

### 3.5.2 单轴压缩破坏应力与声波规律研究

本节结合单轴压缩应力和纵波波速的实验数据，建立了单轴状态下的应力-纵波波速的耦合关系。前人对声波波速与煤岩岩性、孔隙率及含水率之间影响关系的研究取得了许多成果，对于煤岩单轴压缩下应力与纵波波速的研究，窦林明等研究了具有冲击倾向性的煤岩在单轴压缩下应力与纵波波速的幂函数耦合关系。陈详等研究了岩样的分阶段应力与纵波波速的幂函数耦合关系。郑贵平等研究了不同岩性岩石在单轴压缩破坏过程中，应力与波速的二次函数与线性的耦合关系。

基于以上研究，结合 2 个煤矿煤样各 3 组的应力-纵波波速曲线，在应力加载的初期和中期，纵波波速的变化梯度较大，并且随着应力的增加会出现增加的趋势，在接近应力峰值前附近，纵波波速的增加速率会变缓，以上这些现象明显符合应力与纵波波速的幂函数耦合关系，因此这种应力峰值前的幂函数耦合关系可以表述为

$$V_p = A(\sigma)^B \tag{3-16}$$

式中，$A$、$B$ 为拟合的相关参数。

根据式（3-16）的幂函数关系模型，对余吾矿 3 号煤和砂墩子矿 4 号煤各 3 组样品进行了幂函数拟合，拟合结果如图3-34所示，拟合参数见表3-5。

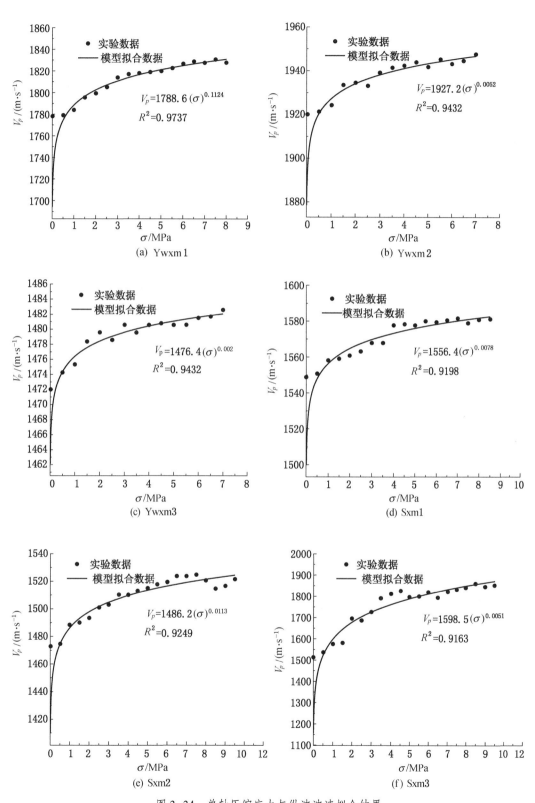

图 3-34 单轴压缩应力与纵波波速拟合结果

表 3-5　模型拟合参数

| 编号 | 模型拟合参数 | | |
|---|---|---|---|
| | $A$ | $B$ | $R^2$ |
| Ywxm1 | 1788.6 | 0.1124 | 0.9737 |
| Ywxm2 | 1927.2 | 0.0052 | 0.9432 |
| Ywxm3 | 1476.4 | 0.002 | 0.9432 |
| Sxm1 | 1556.4 | 0.0078 | 0.9198 |
| Sxm2 | 1486.2 | 0.0113 | 0.9249 |
| Sxm3 | 1598.5 | 0.0051 | 0.9163 |

### 3.5.3　电磁辐射频谱规律研究

1. 电磁辐射信号的小波变换分析法去噪

1) 小波变换分析法

小波变换分析法是由法国学者 Mallat 提出的，可根据不同频率信号的需求，通过"时-频"窗口的自动调节来实现细化多尺度分析的算法。一般情况下，小波变换分析法有连续性小波分析、离散性小波分析及多分辨分析。

连续性小波分析是将基本小波函数经过平移、伸缩等变换后，形成新的小波序列函数簇 $\left\{ \phi_{a,b}(x) = \dfrac{1}{\sqrt{a}}\phi\left(\dfrac{x-b}{a}\right) \right\}$，对于 $f(x) \in K^2(R)$ 任意平方可积函数，其连续小波变换被定义为

$$W_f(a,b) = \int_{-\infty}^{\infty} f(x)\phi_{a,b}(x)\,\mathrm{d}x \tag{3-17}$$

式中　$\phi_{a,b}(x)$——基本小波函数；

　　　　$a$——尺度因子；

　　　　$b$——定位因子。

离散性小波分析是将小波函数 $\phi_{a,b}(x)$ 中的尺度因子 $a$ 及定位因子 $b$ 进行离散值化，即 $a = a_0^m$，$b = na_0^m b_0$，则离散小波变换函数可表示为

$$DW_f(a,b) = \int_{-\infty}^{\infty} a_0^{-\frac{m}{2}} f(x)\phi\left(\frac{x}{a_0^m} - nb_0\right)\mathrm{d}x \quad (m,n \in z,\ a_0 > 1,\ b_0 \neq 0) \tag{3-18}$$

多分辨分析是在尺度函数 $\varphi_{a,b}(x)$ 和小波函数 $\phi_{a,b}(x)$ 的基础上，将 $f(x)$ 以任一分辨率来进行分解。实际上多分辨分析是在 $K^2(R)$ 中寻找出符合下列要求的一列子空间 $\{v_m,\ m \in z\}$：

（1）单调一致性：$v_m \subset v_m - 1$，$m \in z$。

（2）伸缩规则性：$\forall\, m \in z$，$f(x) \in v_m$，$f(2x) \in v_{m-1}$。

（3）平移不变性：对所有 $m,\ n \in z$，$f(x) \in v_m$，$f(x - 2^m n) \in v_m$。

（4）逼近完全性：$\overline{\bigcup_{m \in z} v_m} = K^2(R)$，$\bigcap_{m \in z} v_m = 0$。

（5）正交 Riesz 基存在性：由存在函数 $\varphi(x)$ 构成多分辨分析的生成元，即对应任一 $\varphi(x) \in v_m$，使得 $\{\varphi_{m,n} = 2^{-\frac{m}{2}}\varphi(2^{-m}x - n),\ m,\ n \in z\}$ 成为 $v_m$ 无条件正交基。

对于 $W_m$ 构成的 $K^2(R)$ 小波子空间，$K^2(R)$ 被定义为任一 Hilbert 空间，$v_m$ 为 $K^2(R)$ 的任一闭子空间，其投影算子被定义为 $\{H_m: K^2(R) \rightarrow v_m, v_m = K^2(R)H_m\}$，由线性算子计算理论及多分辨性质可得 $K^2(R)$ 的 $H_{m-1}-H_m$ 的投影算子 $W_m = K^2(R)(H_{m-1}-H_m)$，那么 $v_m$ 在 $v_{m-1}$ 的直交补空间为 $W_m$，其三者的关系可表示为 $\{V_{m-1} = W_m \oplus v_m, m \in z\}$。

对于多分辨率逼近与尺度函数 $\varphi(x)$ 的转换，根据定理 $\varphi_j(x) = 2^{-j}\varphi(2^{-j}x)$，当 $\varphi_j(x)$ 伸缩 $2^{-j}$ 时，存在唯一函数 $\varphi(x) \in K^2(R)$ 符合 $\{2^{-\frac{j}{2}}\varphi(2^{-j}x-n), n \in z\}$ 必为 $v_j$ 的一个正交基。若 $\{2^{-\frac{j}{2}}\varphi(2^{-j}x-n), n \in z\}$ 为任一正交簇，当该函数簇产生 $v_j$ 向量空间时，$K^2(R)$ 的多分辨率逼近就是 $v_j$。

对于任一 Riesz 小波基，可以由线性独立簇 $\phi_{m,n}(x)$ 构成，任一 Riesz 小波基能够将 $K^2(R)$ 具有完备内积的希尔伯特空间分解成 $\{W_j, j \in z\}$ 闭子空间的和 $\{\sum W_j, j \in z\}$。

对于正交小波函数 $\phi(x)$，根据定理存在一多分辨率向量空间列 $v_j$，由尺度函数 $\varphi(x)$ 及相应的共轭滤波器 $H$，经傅里叶变换得到

$$\begin{cases} \hat{\phi}(x) = G\left(\frac{w}{2}\right)\varphi\left(\frac{w}{2}\right) \\ G(w) = e^{-iw}\overline{H(W+\pi)} \end{cases} \tag{3-19}$$

其中 $H(w)$ 被定义为 $H$ 离散滤波器的传递函数，$H(w) = \sum_{k=-\infty}^{\infty}h(k)e^{-jkw}$，且 $H(w)$ 满足 $|H(w)|^2 + |H(w+\pi)|^2 = 1$，$|H(0)| = 0|$，$h(n) = 0, n \rightarrow \infty$；若 $H(w)$ 满足以上性质的傅里叶级数且 $H(w) \neq 0$，$w \in \left[0, \frac{\pi}{2}\right]$，那么尺度函数 $\varphi(x)$ 的傅里叶变换可被定义为 $\varphi(w) = \prod H_{p=1}^{+\infty}(2^{-p}w)$。由定理及小波子空间的性质可知，$G$ 及 $H$ 的冲激响应 $g_n = (-1)^{1-n}\overline{h_{1-n}}$，$G$ 代表 $H$ 的高通滤波器。

Mallat 算法实际上对小波变换与多分辨率分析进行了有效结合，基于差分双尺度方程，根据定义闭子空间 $v_j = \cdots W_{j+2} + W_{j+1}$，$v_j = v_{j+1} \oplus W_{j+1}$，对于任一尺度函数 $\varphi(x)$ 能够形成与 $K^2(R)$ 相对应的一个 $v_j$，依据 $v_j$ 本身替换的性质，将多分辨率及小波变换分析相结合。差分双尺度方程是空间逐级二剖分在尺度函数 $\varphi(x)$ 及小波函数 $\phi(w)$ 上的体现，方程可表示为

$$\begin{cases} \varphi(x) = \sqrt{2}\sum_{n \in z}g_n\phi(2x-n) \\ \phi_{a,b}(x) = \sqrt{2}\sum_{n \in z}h_n\phi(2x-n) \end{cases} \tag{3-20}$$

式中　$g_n$——$G$ 和 $H$ 高通滤波器的冲激响应；

　　　$h_n$——尺度相关系数。

设定函数 $f(x)$ 在子空间 $v_j$ 中的离散近似系数为 $cA_j$，其为 $f(x) \in K^2(R)$ 在 $v_j$ 中的投影，$cA_j$ 在尺度因子为 $j$ 时的第 $k$ 个系数，可表示为 $cA_j^k$；设定函数 $f(x)$ 在 $W_j$ 中的离散系数为 $cB_j$，$cB_j$ 在尺度因子为 $j$ 时的第 $k$ 个系数，可表示为 $cB_j^k$；则 Mallat 的分解算法可表示为

$$\begin{cases} cA_{j+1}^k = \sum^n \overline{h_{k-2n}}\, cA_j^k \\ cB_{j+1}^k = \sum^n \overline{g_{k-2n}}\, cA_j^k \end{cases} \tag{3-21}$$

重构算法可表示为

$$cA_j^k = \sum^n h_{k-2n} cA_{j+1}^k + \sum^n g_{k-2n} cB_{j+1}^k \tag{3-22}$$

2）电磁辐射信号的去噪及非线性软门限

基于前人对电磁辐射信号的大量研究，经过对实验过程中电磁辐射信号的观测和分析，能够确定对实际采集到的电磁辐射信号的干扰，主要由随机噪声及具有固定频率的外界干扰构成。对于固有频率的外界干扰可以通过实验过程中的屏蔽设置或滤波等方法进行消除或减少，对于这种叠加的随机噪声可以通过小波中的多分辨率分析来去噪。

假定叠加随机噪声后的信号 $f(x_i)$，在 $[0,1]$ 区间上的信号为 $g(x)$，实际采集到的电磁辐射数据 $f(x)$ 可以表示为

$$f(x_i) = g(x_i) + e\varphi_i \quad (i = 1, 2, \cdots, n) \tag{3-23}$$

式中　$x_i$——等间隔的样本采样点；

　　　$e$——噪声强度；

　　　$\varphi_i$——叠加随机噪声。

对 $f(x_i)$ 的去噪过程实际上就是让去噪后重建的信号 $\hat{g}(x_i)$ 与 $g(x_i)$ 保持接近一致平滑，重新均方差优化的过程，统计学上可以表示为

$$n^{-1} E \| \hat{g} - g \|_{L_N^2}^2 = \frac{g \sum\limits_{i=1}^n E[\hat{g}(x_i) - g(x_i)]^2}{n} \tag{3-24}$$

理论上，Donoho 严格证明了可以依据噪声与小波变换域内信号的奇异性，通过选取恰当的非线性软门限来获得 $\hat{g}(x_i)$，对于门限的确定主要依据噪声方差。设定 $\Delta$ 及 $\Delta^{-1}$ 为小波变换算子和逆算子，基于小波的非线性去噪算法为

$$\hat{g} = \Delta^{-1}[(\Delta g) T_\delta] \tag{3-25}$$

非线性软门限操作算子 $T_\delta$ 为

$$T_\delta(\eta) = sgn(\eta)(|\eta| - \delta)_+ = \begin{cases} \eta + \delta & (n < -\delta) \\ 0 & (-\delta \le \eta \le \delta) \\ \eta - \delta & (\eta > \delta) \end{cases} \tag{3-26}$$

式中，$\eta$ 是原始信号经过小波变换分解后得到的相关系数，门限 $\delta$ 可以通过信号采集的 $n$ 个样本的估计获得，即

$$\delta_n = \sigma \sqrt{\frac{2 \lg n}{n}} \tag{3-27}$$

根据上述理论，小波变换去噪具体算法步骤如下：

（1）对采集的电磁辐射原始信号的小波进行分解。选取 Sym8 小波，确定小波分解层 $n$，然后对原始信号进行 $n$ 层分解。实验采用 10 MHz 的采样频率，分解层 $n = 7$。

（2）对于小波分解 1~7 层，选取确定适合的非线性软门限值，用于小波变换域内系

数；对于噪声频带，小波分解系数设定为 0。

（3）根据小波变换重构算法，重构去噪后的信号。

基于以上理论及算法，对余吾矿 3 号煤和砂墩子矿 4 号煤在短时蠕变实验过程中各阶段采集得到的电磁辐射原始信号进行了小波变换去噪，结果如图 3-35、图 3-36 所示。

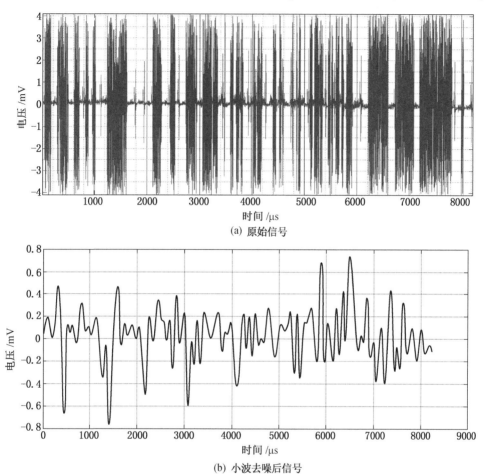

(a) 原始信号

(b) 小波去噪后信号

图 3-35 余吾矿 3 号煤蠕变过程中电磁辐射信号去噪前后对比

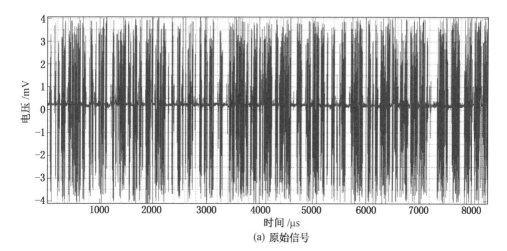

(a) 原始信号

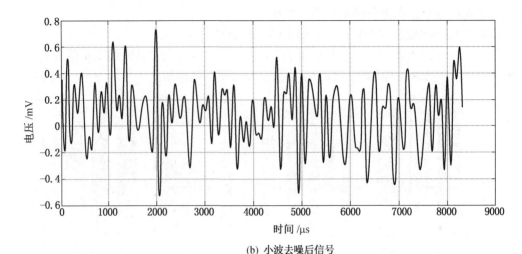

(b) 小波去噪后信号

图 3-36　砂墩子矿 4 号煤蠕变过程中电磁辐射信号去噪前后对比

2. 傅里叶变换频谱分析

傅里叶变换频谱分析实际上是将各种复杂的时域或空域信号函数，经过数学变换转换成在频率域内的，具有线性叠加的谐波函数，其主要反映和分析的是信号的频率构成、分布规律及频带宽度等信息。

对于在 $[-\infty, \infty]$ 上连续可积的时间信号函数 $f(t)$，其 $F(x)$ 的傅里叶变换可表示为

$$F(x) = \int_{-\infty}^{\infty} f(t) e^{-jxt} dt \tag{3-28}$$

将式（3-28）进行离散化处理后可得

$$F(w\Delta x) = \Delta t \sum^{n} f(n\Delta t) e^{-jw\Delta xn\Delta t} \tag{3-29}$$

式中　　　$w$——频率序号；

　　　　　$\Delta t$——相邻样本间的时间间隔；

　　　　　$\Delta x$——在频域内的样本间距；

　　　　$f(n)$——信号序列；

　　　　　$n$——时间序号。

当设定 $f(n)$ 为有限长的离散信号时，即 $f(n)$ 可表示为

$$f(n) = \begin{cases} 0, & n \geq N \\ f(n), & 0 \leq n \leq N-1 \end{cases} \tag{3-30}$$

同时 $\Delta t = 1$ 时，式（3-30）可转化为

$$F(w\Delta x) = \sum_{n=0}^{N-1} f(n) e^{-jw\Delta xn} \tag{3-31}$$

根据频域和时域均符合采样定理，使得 $\Delta x \Delta t = \dfrac{2\pi}{N}$，则式（3-31）可变为

$$F(w) = \sum_{n=0}^{N-1} f(n) e^{-jw\frac{2\pi}{N}n} \tag{3-32}$$

由于在处理数据量较大的样本时，直接的傅里叶变换计算 DFT 所需工作量较大，所以通常采用快速傅里叶变换 FFT 来进行计算，FFT 是在 DFT 的基础上，通过蝶形计算结构将长序列的 DFT 分解成短序列的 DFT。

通常，经过 FFT 变换后的相位和幅值是复数，即

$$\begin{cases} F(w) = Re(w) + jIm(w) \\ A(w) = |F(w)| = \sqrt{Re^2(w) + Im^2(w)} \\ \theta(w) = \tan^{-1}\left[\dfrac{Im(w)}{Re(w)}\right] \end{cases} \tag{3-33}$$

对于 $\Delta t \neq 1$ 的实际采样样本，实际的频谱可表示为

$$F(\Delta fw) = \Delta t A(w) e^{-j\theta(w)} = \Delta t [Re(w) + jIm(w)] \tag{3-34}$$

对于具有 $f_v$ 采样速率的样本，$\Delta t = \dfrac{1}{f_v}$，$\Delta f = \dfrac{\Delta x}{2\pi} = \dfrac{1}{N\Delta t} = \dfrac{f_v}{N}$，那么对于高速采样系统中最高频率响应为 $f_1$ 时，频谱中的有效频率可表示为

$$f_m = \min\left(f_1, \frac{f_v}{2}\right) \tag{3-35}$$

基于以上理论及算法，对余吾矿 3 号煤和砂墩子矿 4 号煤在短时蠕变实验过程中各阶段采集得到的电磁辐射原始信号经小波变换去噪后，进行了 FFT 变换，得到频率图，以余吾矿 3 号煤和砂墩子矿 4 号煤各一个样品为例，电磁辐射频谱如图 3-37、图 3-38 所示。

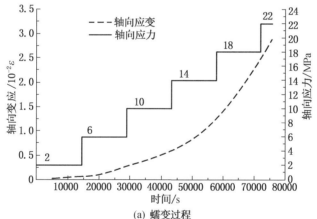

(a) 蠕变过程

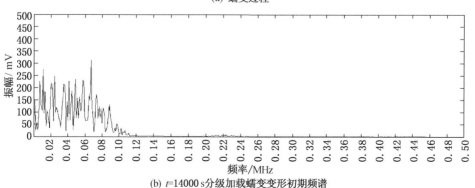

(b) $t=14000$ s 分级加载蠕变变形初期频谱

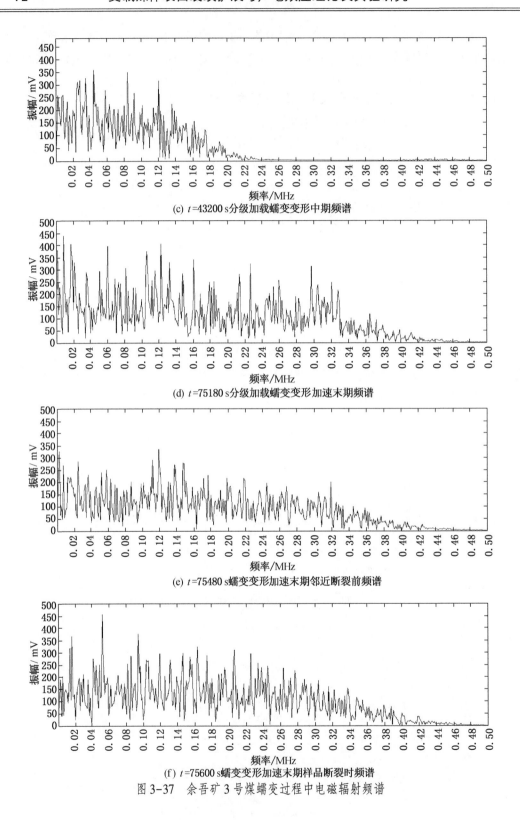

(c) $t=43200\,$s分级加载蠕变变形中期频谱

(d) $t=75180\,$s分级加载蠕变变形加速末期频谱

(e) $t=75480\,$s蠕变变形加速末期邻近断裂前频谱

(f) $t=75600\,$s蠕变变形加速末期样品断裂时频谱

图3-37　余吾矿3号煤蠕变过程中电磁辐射频谱

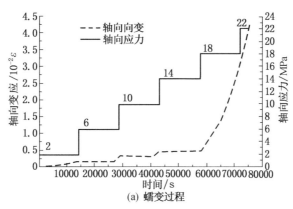

(a) 蠕变过程

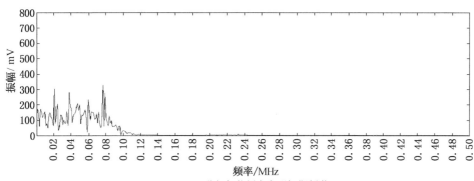

(b) $t=14000\,\text{s}$ 分级加载蠕变变形初期频谱

(c) $t=43200\,\text{s}$ 分级加载蠕变变形中期频谱

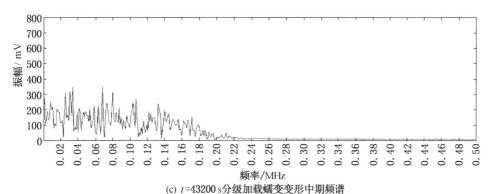

(d) $t=74200\,\text{s}$ 分级加载蠕变变形加速末期频谱

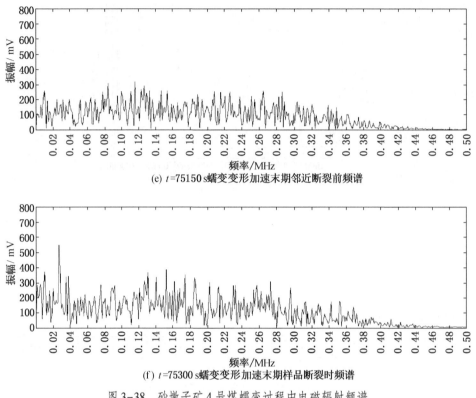

(e) $t$=75150 s蠕变变形加速末期邻近断裂前频谱

(f) $t$=75300 s蠕变变形加速末期样品断裂时频谱

图 3-38 砂墩子矿 4 号煤蠕变过程中电磁辐射频谱

由图 3-37、图 3-38 可以看出在分级加载蠕变变形初期和中期，电磁辐射频率范围基本为 0~200 kHz，振幅均在 350 mV 以下；在分级加载蠕变变形加速后期，电磁辐射频率范围扩大到 0~400 kHz，然而在主破裂产生前振幅出现了先增大—减小—再增大的趋势，这段区间的高振幅超过 400 mV，最高达到 700 mV 以上，在振幅减小的一段平静期内，振幅均在 350 mV 以下。

# 4 受载煤体表面裂纹扩展规律研究

针对单轴压缩受载煤体表面裂纹扩展的实验，提出了基于 CPTM 的裂纹图像处理方法，开发了 Matlab 图像裂纹计算识别程序，对单轴压缩下受载煤体表面裂纹扩展速度和长度进行了分析与计算，并与相关研究进行了对比，获得了有效性验证。

## 4.1 受载煤体表面裂纹扩展实验观测结果

### 4.1.1 单轴压缩裂纹观测结果

在单轴压缩实验过程中，不仅监测了声发射、电性参数及电磁辐射数据，还同时记录了煤样试件观测面的图像，并使用图像处理软件对采集的图像进行了处理。各阶段 $a$、$b$、$c$ 和 $d$ 点处观测图像，如图 4-1 所示。

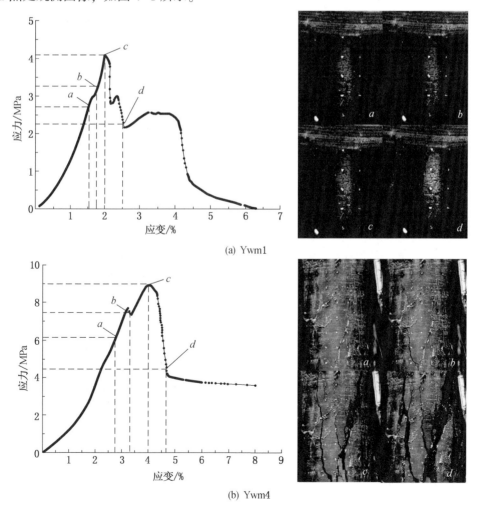

(a) Ywm1

(b) Ywm4

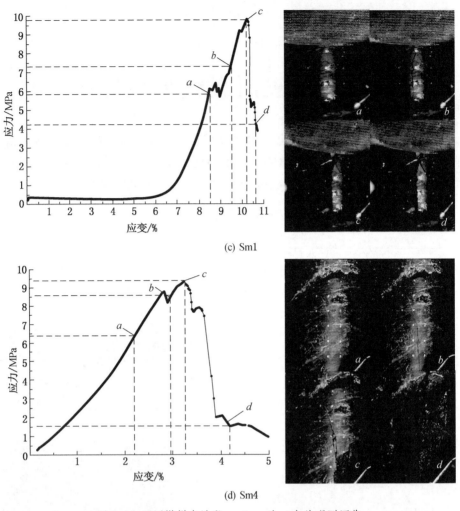

(c) Sm1

(d) Sm4

图 4-1　不同煤样各阶段 a、b、c 和 d 点处观测图像

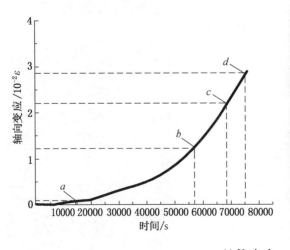

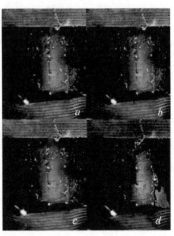

(a) Ywrbm1

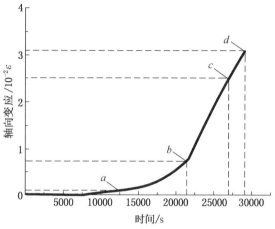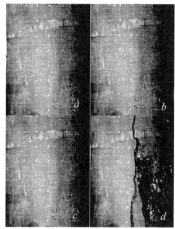

(b) Ywrbm4

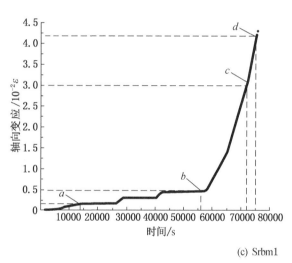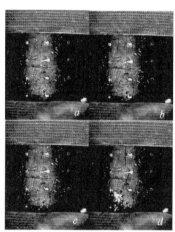

(c) Srbm1

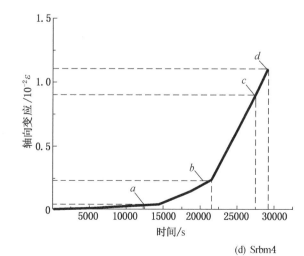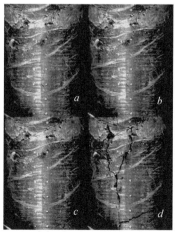

(d) Srbm4

图 4-2 不同煤样各阶段 *a*、*b*、*c* 和 *d* 点处观测图像

#### 4.1.2　短时蠕变裂纹观测结果

短时蠕变实验过程中，分别给出了分级加载蠕变变形初期、中期及蠕变加速期各阶段中 $a$、$b$、$c$ 和 $d$ 点处的观测图像，如图 4-2 所示。

## 4.2　基于 CPTM 裂纹识别与计算方法

#### 4.2.1　图像增强方法

图像增强技术主要是对原始采集的数字图像进行处理的一系列技术，目的是处理后的图像比处理前更适应于特定的应用场合。图像增强方法包括频域图像增强、空间域图像增强、空间滤波及代数运算增强等方法。频域图像增强方法主要通过对图像的傅里叶变换，修改和增强图像的频率空间数据；空间域图像增强方法主要通过直接对图像的像素值进行运算，修改和增强图像的平面信息特征。由于在煤岩破裂图像中，主要研究裂纹的变化，为突出煤岩破裂过程中裂纹的变化特征，采用代数运算增强方法和空间域图像增强方法进行分析。

1. 代数运算增强方法

图像的代数运算增强是在两幅或多幅输入图像之间逐像素进行加、减、乘、除后得到输出图像。像素的加、减运算在数字图像处理分析中应用较广泛。

1）加法运算

加法运算主要针对同一背景的多幅图像进行平均操作，用平均后的图像替代实际图像，以降低随机噪声的影响。

假设实际拍摄的图像的像素函数 $f(x, y)$，真实图像的像素函数 $g(x, y)$，随机噪声的像素函数 $h(x, y)$，实际拍摄的图像函数关系式为

$$f(x, y) = g(x, y) + h(x, y) \tag{4-1}$$

设定每个像素坐标点 $(x, y)$ 处的噪声互不相关且均值为 0，则拍摄 $N$ 幅的函数关系式为

$$f_i(x, y) = g(x, y) + h_i(x, y) \quad (i = 1, 2, \cdots, N) \tag{4-2}$$

$N$ 幅图像的算数平均值为

$$\bar{f}(x, y) = \frac{1}{N} \sum_{i=1}^{N} f_i(x, y) \tag{4-3}$$

那么

$$E\{\bar{f}(x, y)\} = g(x, y) \tag{4-4}$$

$$\sigma_{\bar{f}(x, y)}^2 = \frac{1}{N} \sigma_{h(x, y)}^2 \tag{4-5}$$

$\bar{f}(x, y)$ 是对真实图像 $g(x, y)$ 的无偏估计，相对于单幅图像 $f(x, y)$ 的噪声方差降低了 $N$ 倍。

2）减法运算

两幅图像的减法运算主要针对拍摄时间不同，相同拍摄物体的图像进行减法运算，目的是为了增强两幅图像之间的不同特征。两幅图像 $g(x, y)$ 和 $h(x, y)$ 的减法运算图像为

$$f(x, y) = g(x, y) - h(x, y) \qquad (4-6)$$

一般在固定环境下或很短时间间隔内拍摄的图像，可以直接使用减法运算以检测图像中运动变化的研究对象。由于在实验中，采用高速摄影仪拍摄煤样破裂过程的裂纹变化，因此，为加强裂纹变化的突出特征，对原始采集图像首先进行多幅减法运算，减法运算后的图像如图 4-3 所示。

(a) 运算前                              (b) 运算后

图 4-3  减法运算前后对比图

2. 灰度变换

灰度变换包括线性变换和非线性变换，变换过程是将图像的灰度值范围按线性或非线性函数拉伸转换至所需的动态范围，以达到弥补图像因曝光不够或曝光过度引起的图像特征信息的丢失。

假设输入图像的灰度函数为 $f(x, y)$，运算后图像输出函数为 $g(x, y)$，分段线性函数的表达式为

$$g(x, y) = \begin{cases} \dfrac{r_g - d_g}{r_f - b_f}[f(x, y) - b_f] + d_g \\[2mm] \dfrac{c_g}{a_f}f(x, y) \\[2mm] \dfrac{d_g - c_g}{b_f - a_f}[f(x, y) - a_f] + c_g \end{cases} \qquad (4-7)$$

其中，$a_f$、$b_f$ 是 $f(x, y)$ 中可选的灰度值，$c_g$、$d_g$ 是 $f(x, y)$ 映射函数 $g(x, y)$ 中的灰度值，$r_f$ 是图像 $f(x, y)$ 中的最大灰度值，$r_g$ 是 $r_f$ 在映射函数 $g(x, y)$ 中的灰度值。当分段线性函数的线性斜率 $\frac{r_g - d_g}{r_f - b_f}$、$\frac{c_g}{a_f}$、$\frac{d_g - c_g}{b_f - a_f}$ 的值大于 1 时，图像的对比度提高，反之降低。通过改变 $a_f$、$b_f$ 的值可以增加或降低图像对比度的范围。当 $\frac{r_g - d_g}{r_f - b_f}$、$\frac{c_g}{a_f}$、$\frac{d_g - c_g}{b_f - a_f}$、$a_f$、$b_f$、$c_g$ 及 $d_g$ 取特定值时，可以得到以下 3 种特定变换：

$$\begin{cases} \dfrac{c_g}{a_f} = \dfrac{d_g - c_g}{b_f - a_f} = 0, \ \dfrac{r_g - d_g}{r_f - b_f} \neq 0, \ c_g = 0, \ d_g = L \quad （线性变换） \\[3mm] \dfrac{d_g - c_g}{b_f - a_f} = -1, \ \dfrac{c_g}{a_f} = 0, \ b_f = L \quad （反色变换） \\[3mm] \dfrac{c_g}{a_f} = \dfrac{d_g - c_g}{b_f - a_f} = \dfrac{r_g - d_g}{r_f - b_f} = 0, \ d_g = c_g, \ b_f > a_f \quad （窗口变换） \end{cases} \quad (4-8)$$

实验中采集的煤样裂纹图像经反色及灰度变换后，如图4-4所示。

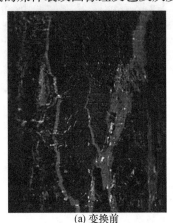

(a) 变换前　　　　　　　　　　　(b) 变换后

图4-4　反色及灰度变换前后对比图

### 4.2.2　图像分割方法

分割图像的目的是进一步对具有某些特征性质的图像区域进行辨识和分析，将目标或研究对象区域与其他部分细分开来。分割算法的依据一般建立在图像像素值的相似性或非连续性的基础上，如基于相似性的区域算法和基于非连续性的边缘检测算法等。由于图像分割是进行图像特征提取及图像分析的预处理过程，几十年来受到国内外学者的普遍关注，目前已经形成多种分割算法，这些算法因为针对图像的不同特性，各有优缺点和适用范围。本节对其中的几种算法进行了简单介绍。

1. 边缘检测 Sobel 算子分割

边缘检测 Sobel 算子是根据周边邻近像素点的灰度来进行加权计算，当边缘点处的灰度达到极致则符合检测的边缘。针对数字图像的每个像素 $\{g(i, j)\}$，计算像素点周围邻近点灰度的加权差，与像素点接近的邻近点加权值大。Sobel 算子的定义：

$$\begin{aligned} S(i, j) &= |\Delta_x g| + |\Delta_y g| \\ &= \left| \begin{matrix} g(i-1, j-1) + 2g(i-1, j) + g(i-1, j+1) \\ -g(i+1, j) + 2g(i+1, j) + g(i+1, j+1) \end{matrix} \right| + \\ &\quad \left| \begin{matrix} g(i-1, j-1) + 2g(i, j-1) + g(i+1, j-1) \\ -g(i-1, j+1) + 2g(i, j+1) + g(i+1, j+1) \end{matrix} \right| \end{aligned} \quad (4-9)$$

卷积算子可表示为

$$\Delta_x g: \begin{bmatrix} -1 & 0 & 1 \\ -2 & 0 & 2 \\ -1 & 0 & 1 \end{bmatrix}, \ \Delta_y g: \begin{bmatrix} -1 & -2 & -1 \\ 0 & 0 & 0 \\ 1 & 0 & 1 \end{bmatrix} \quad (4-10)$$

确定门限阈值 $\theta$，当 $T(i, j) > \theta$ 时，$(i, j)$ 为检测到的阶跃边缘点，$\{T(i, j)\}$ 即为边缘图像。Sobel 算子受噪声干扰小，在大领域使用时，抗噪声性能会更突出，但是对检测边缘的精度较低。

2. 边缘检测 Laplace 算子分割

边缘检测 Laplace 算子计算量较小，只需一个边缘样板模板，属于无方向算子。对于图像像素 $\{g(i, j)\}$，Laplace 算子本身是二阶微分算子，其定义为

$$\nabla^2 g = \frac{\partial^2 g}{\partial x} + \frac{\partial^2 g}{\partial y} \tag{4-11}$$

图像的 Laplace 值通过模板卷积来计算，如选择式（4-12）的模板

$$\begin{bmatrix} 0 & -1 & 0 \\ -1 & 4 & -1 \\ -1 & 0 & 1 \end{bmatrix} \tag{4-12}$$

则 $\{g(i, j)\}$ 的算子为

$$\begin{aligned} \nabla^2 g &= \Delta_x^2 g(i, j) + \Delta_y^2 g(i, j) \\ &= 4g(i, j) - g(i+1, j) - g(i, j+1) - g(i-1, j) - g(i, j-1) \end{aligned} \tag{4-13}$$

因为边缘检测 Laplace 算子是二阶微分算子，对噪声比较敏感，并且不能给出边缘方向信息，所以仅仅被使用于图像的暗区与明区的划分。

3. $P$ 分位数法分割

$P$ 分位数法也称为 P-Tile 法，是比较早的阈值选取方法之一。$P$ 分位数法依据先验概率和图像中的研究对象与背景像素的比例来选取合适的阈值，首先，依据先验知识，先确定出图像中研究对象与背景的像素比例 $P_1/P_b$，然后在直方图中选取合适的阈值 $M$，使得选取的像素 $f(x, y) < M$ 为图像背景，$f(x, y) \geq M$ 的像素为研究目标。对于煤岩破坏过程中的裂纹扩展图像，由于裂纹出现复杂，其像素出现的总次数不好确定，所以 $P$ 分位数法不适用。

4. 最大类间方差法分割

最大类间方差法也称为 Ostu 算法，是由 Ostu 于 1978 年提出的，其算法简单有效，意义明确，使用较为广泛。Ostu 算法是以最佳阈值将图像的灰度直方图分成研究目标和背景，并以两部分的类间方差达到最大，从而使分离性达到最佳。

假设图像的灰度级为（1-L），第 $i$ 级像素是 $n_i$ 个，总像素 $N = \sum\limits_{i=1}^{L} n_i$，那么第 $i$ 级灰度的概率 $P_i = \dfrac{n_i}{N}$。设定灰度的阈值为 $k$，按灰度级将图像像素分为

$$\begin{cases} A_0 = \{1, 2, 3, \cdots, k\} \\ A_1 = \{k+1, \cdots, L\} \end{cases} \tag{4-14}$$

图像的总平均灰度级为

$$v = \sum\limits_{i=1}^{L} i P_i \tag{4-15}$$

$A_0$ 的平均灰度级为

$$v(k) = \sum_{i=1}^{k} i P_i \tag{4-16}$$

像素为

$$N_0 = \sum_{i=1}^{k} n_i \tag{4-17}$$

$A_1$ 的平均灰度级为 $v - v(k)$，像素为 $N - N_0$，$A_0$ 和 $A_1$ 所占比例分别为

$$\phi_0 = \sum_{i=1}^{k} P_i = \phi(k) \tag{4-18}$$

$$\phi_1 = 1 - \phi(k) \tag{4-19}$$

对 $A_0$ 和 $A_1$ 进行均质处理后得

$$\begin{cases} v_0 = \dfrac{v(k)}{\phi(k)} \\[3mm] v_1 = \dfrac{v - v(k)}{1 - \phi(k)} \end{cases} \tag{4-20}$$

则图像的总均值为
$$v = v_0 \phi_0 + v_1 \phi_1 \tag{4-21}$$

类间方差为 $\quad \sigma^2(k) = \phi_0(v - v_0)^2 + \phi_1(v - v_1)^2 = \phi_0 \phi_1 (v_0 - v_1)^2 \tag{4-22}$

则
$$\sigma^2(k) = \frac{[v\phi(k) - v(k)]^2}{\{\phi(k)[1 - \phi(k)]\}} \tag{4-23}$$

当 $k$ 从 $1 \sim L$ 中取值，使 $\sigma^2(k)$ 达到最大的 $k$ 值就是最佳阈值，$\sigma^2(k)$ 即是最大类间方差。

5. 区域生长分割

区域生长分割建立在图像像素群相似性的基础上，其思想是在几个应分割的区域中，确定具有图像某种特征属性的种子像素作为区域生长的初始点，而后比较种子像素与其周围邻近区域中像素点，将相似或相同的像素群合并至种子像素所属区域，然后重复上述过程，以新生成的像素群作为种子像素比较合并周围邻近区域，直至没有满足相同或相似的像素出现。区域生长分割关键确定的 3 个问题：①选择具有图像某种特征属性的种子像素；②确定与周围邻近像素比较和合并的相似准则；③确定区域生长终止的条件。

为避免区域像素缓慢变化而导致区域合并有可能产生的错误，可使用种子像素区域的平均灰度与周围区域像素灰度进行比较。

假设在图像的一个像素区域 $H$ 中含有 $N$ 个像素，区域的灰度均值可表示为

$$\varepsilon = \frac{1}{N} \sum_{H}^{n} f(x, y) \tag{4-24}$$

与周围像素比较可表示为

$$\max |f(x, y) - \varepsilon| < T \tag{4-25}$$

其中，$T$ 为可选择的阈值。

（1）当区域像素分布均匀，而像素灰度值由均值 $\varepsilon$ 与零均值高斯噪声相叠表示时，使用式（4-25）进行像素比较的条件不成立概率为

$$P(T) = \frac{2}{\sqrt{2\pi}\,\sigma} \int_{T}^{\infty} \exp\left(\frac{z^2}{2\sigma^2}\right) \mathrm{d}z \tag{4-26}$$

如果取式中的 $T$ 值为三倍方差，则误判概率为 $1\% \sim 99.7\%$。

（2）当区域像素分布非均匀，假设区域像素由 $n$ 部分组成，具有 $m_1$、$m_2$、$m_3$、$\cdots$、$m_n$，灰度值的像素在区域 $H$ 中所占的比例为以 $c_1$、$c_2$、$c_3$、$\cdots$、$c_n$，区域均值可表示为 $c_1 m_1 + c_2 m_2 + c_3 m_3 + \cdots + c_n m_n$，则 $m_1$ 像素与区域均值的差表示为

$$E_m = m_1 - (c_1 m_1 + c_2 m_2 + c_3 m_3 + \cdots + c_n m_n) \tag{4-27}$$

使观察值与 $m_1$ 相差 $T - E_m$ 或 $T + E_m$，可得出像素值与区域均值差大于 $T$ 的情况。依据式（4-27），正确判断的概率为

$$P(T) = \frac{1}{2} [P(|T - E_m|) + P(|T + E_m|)] \tag{4-28}$$

由于区域生长分割计算较复杂，在使用灰度阈值分割或边缘算法分割达不到合适的效果时，可考虑使用区域生长分割。

6. 数学形态学分割

数学形态学分割是利用具有某种形态特征的图像结构元素来搜索和获取对区域表达有用的信息，其运算包括开、闭、腐蚀及膨胀。

对于二值图像，假设在 $n$ 维欧式空间的点集合中，图像的点集合为 $Y$，结构元素的点集合为 $H$，则膨胀运算可表示为

$$Y \oplus H = \{y: y = a + b，其中任意 a \in Y, b \in H\} = \cup_{b \in H} Y_{b_i} \tag{4-29}$$

式（4-29）实际上是结构元素集 $H$ 在图像元素集 $Y$ 中的所有目标元素位置上的点轨迹，膨胀运算的主要作用是当目标对象与对象区域间隔较小时，通过运算将其重新连接起来，常被应用于分割后图像内部空洞的填补。

腐蚀运算可表示为

$$Y\Theta H = \{y: y = a + b \in Y，其中任意 b \in H\} = \cap_{b \in H} Y_{b_i} \tag{4-30}$$

式（4-30）实际上是将结构元素集 $H$，在平移后放置于图像元素集 $Y$ 中的目标元素位置上，当 $H$ 中各点与 $Y$ 中相对应的点对应上时，$H$ 的原点位置的轨迹。腐蚀运算的主要作用是通过不同的结构元素，将小于结果元素的物体消除，常被应用于图像的噪声处理。

闭运算可表示为

$$Y \cdot H = (Y \oplus H) \Theta H \tag{4-31}$$

闭运算是对图像 $Y$ 先进行膨胀后进行腐蚀的运算。

开运算可表示为

$$Y \odot H = (Y\Theta H) \oplus H \tag{4-32}$$

开运算是对图像 $Y$ 先进行腐蚀后进行膨胀的运算。

对于灰度图像，假设需要处理的图像为 $Y(x, y)$，结构元素为 $H(x, y)$，则膨胀运算可表示为

$$Y \oplus H(m, n) = \max[Y(m - x, n - y) + H(x, y) \mid (m - x), (n - y) \in D_Y; (x, y) \in D_H] \tag{4-33}$$

式（4-33）中，图像 $Y(x, y)$ 和结构元素 $H(x, y)$ 的定义域分别为 $D_Y$ 和 $D_H$，图像 $Y(x, y)$ 的位移参数为 $(m-x)$、$(n-y)$。由式（4-33）可以看出，运算结果是 $Y+H$ 的最大值，因此，小于结构元素 $H(x, y)$ 的区域中的细节将被消除或减少。

腐蚀运算可表示为

$$Y\Theta H(m, n) = \min\left[Y(m + x, n + y) - H(x, y) \mid (m + x), (n + y) \in D_Y; (x, y) \in D_H\right]$$

$$(4-34)$$

由上式可以看出，腐蚀运算的结果是 $Y-H$ 的最小值，因此，小于结构元素 $H(x, y)$ 的区域中的明亮细节将被消除或减少。

闭运算可表示为

$$Y_H = (Y \oplus H) \Theta H \tag{4-35}$$

闭运算是对图像 $Y$ 先进行膨胀后进行腐蚀的运算。

开运算可表示为

$$Y_H = (Y\Theta H) \oplus H \tag{4-36}$$

开运算是对图像 $Y$ 先进行腐蚀后进行膨胀的运算。

### 4.2.3 基于 CPTM 的裂纹图像处理方法

前文介绍了几种典型的阈值分割方法，根据不同图像的成像特点，不同的阈值分割方法也有各自的优缺点。本节通过分析煤岩单轴压缩及蠕变过程中表面损伤裂纹图的特点，基于图像区域特征对其进行处理。

1. 区域分割算法

对已经获得的裂纹图像进行分析，发现以下一般特征：①由于光照条件的限制，造成图像的背景亮度不均匀；②裂纹的表面灰度值较低；③裂纹边缘灰度梯度较大；④裂纹与原始缺陷的灰度值较接近；⑤煤岩图像中像素主要为 3 类：煤岩像素、扩展裂隙像素及煤岩原始缺陷像素。针对此特点，为获得煤岩裂纹图像信息，提出了一种基于非均匀光照图像的像素检测分割方法。

非均匀光照图像的阈值分割的常用方法是局部阈值。算法的主要思路是：对于煤岩裂纹扩展图像的分割，首先利用煤岩未加载前的原始背景图像和加载图像进行差运算，以消除非均匀光照引起的图像背景信息，然后对图像进行灰度变换，最后把图像分割成若干均匀区域块，进行区域局部分割。

区域局部分割算法原理基于 CPTM（Coal Particle Tracking Method）原理，即煤粒质点追踪的方法原理基础上：

（1）假定在一个煤岩图像平面上分布以任意煤岩颗粒像素为中心，形成的矩形区域。

（2）首先通过 matlab 自行开发的图像处理程序，煤岩加载过程中任意煤岩图像的灰度矩阵 $P$、$Q$。

（3）设任意煤岩加载图 1 中的中心点 $a$ 的坐标为 $(x_1, y_1)$，通过图像处理程序得到灰度矩阵 $a$ 点的灰度 $P(x_1, y_1)$；通过矩阵的元素，访问得出 $a$ 点周围 8 个点的灰度值 $P(x_1-1, y_1-1)$、$P(x_1, y_1-1)$、$P(x_1+1, y_1-1)$、$P(x_1-1, y_1)$、$P(x_1+1, y_1)$、$P(x_1-1, y_1+1)$、$P(x_1, y_1+1)$、$P(x_1+1, y_1+1)$，这些灰度值形成一个 3×3 的单位矩阵 $P_1$，$P_1$ 作为一个 3×3 单位矩阵仅是一个例子，其中 3×3 是图像处理的维度，定义 $k$ 和 $j$ 为图像像素处理维度，$f = \{p(x + k, y + j), -m \leqslant k \leqslant m, -m \leqslant j \leqslant m\}$ 是中心点 $a$ 相邻像素点，这里的 $P_1$ 并非唯一是 3×3，可计算适合的维度大小。

（4）通过式（4-37）和式（4-38）计算区域灰度值和邻域均方差 $D$：

$$G = \frac{\sum_{k=-L}^{k=L}\sum_{j=-L}^{j=L} p(x + k, y + j)}{(2m + 1) \times (2m + 1)} \tag{4-37}$$

$$D = \frac{\sum\limits_{k=-L}^{k=L} \sum\limits_{j=-L}^{j=L} [p(x+k, y+j) - G]^2}{(2m+1) \times (2m+1)} \tag{4-38}$$

（5）区域灰度阈值的选择。图像的局部阈值化是通过区域块对图像像素区域取阈值来进行分割的，阈值的选择在不失去目标的情况下，依据灰度值进行判定。区域分割选择 $N_1$ 和 $N_2$ 两个灰度门限值，不同的灰度门限值的选择会得到不同的区域分割图像，对于煤图像取 $0 \leqslant N_1$ 和 $N_2 \leqslant 90$，对于煤岩图像取 $0 \leqslant N_1$ 和 $N_2 \leqslant 100$。

假设 $p(x, y) = G$ 或 $p(x, y) - G \leqslant N_1$，此点 $p(x, y)$ 的像素归属于Ⅰ类；假设 $N_1 < p(x, y) - G < N_2$ 像素方差与 $D$ 接近，此点 $p(x, y)$ 的像素归属于Ⅱ类；假设 $p(x, y) - G > N_2$ 同时其平方差远大于 $D$，此点 $p(x, y)$ 的像素归属于Ⅲ类。

依据以上原理，开发了区域分割处理程序，如图 4-5 所示。此程序主要包括 4 个模块：输入图像、像素区域搜索、灰度计算及输出图像模块。

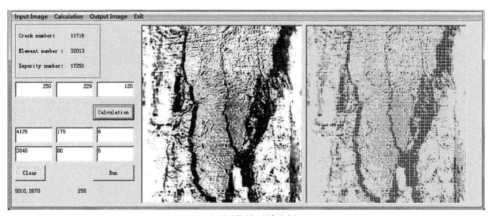

(a) 图像的区域分割

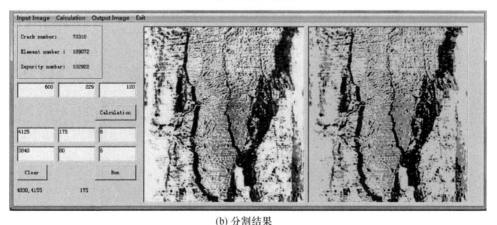

(b) 分割结果

图 4-5　图像区域分割处理程序

## 2. 处理后的分割图像

根据煤岩加载过程中煤岩表面像素的分布特征，通过区域分割程序，对煤岩裂隙图像进行处理。图 4-6 是选择 Ywm4 样品在单轴加载过程中，不同加载时间点的高速摄影图像和处理后的对比图。由图 4-6 可以看出整个加载过程中，煤岩表面裂纹的演变以及主要的

(a) 高速摄影原始图和处理后的灰度图($t$=0ms、$P_1$=6、$N_1$=175和$N_2$=80)

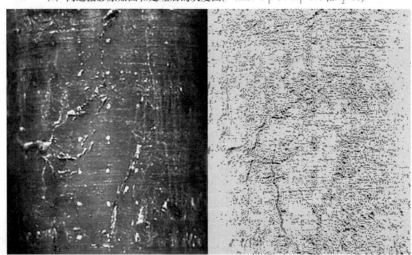

(b) 高速摄影原始图和处理后的灰度图($t$=1620ms、$P_1$=6、$N_1$=175和$N_2$=80)

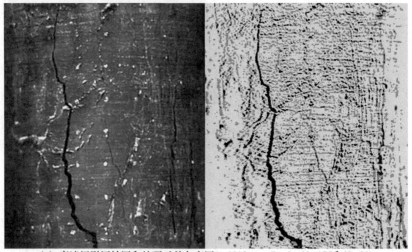

(c) 高速摄影原始图和处理后的灰度图($t$=4518ms、$P_1$=6、$N_1$=175和$N_2$=80)

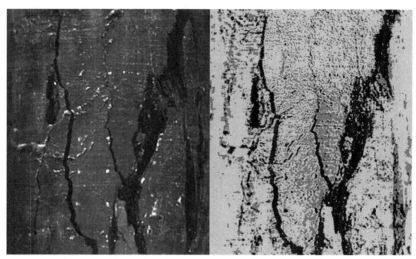

(d) 高速摄影原始图和处理后的灰度图($t$=7281ms、$P_1$=6、$N_1$=175和$N_2$=80)

图 4-6 图像区域分割处理结果

图像像素包括裂纹像素、原始缺陷像素及煤岩像素。图 4-6 中 $t$ 是时间参数、$P_1$ 是单位矩阵的处理维度、$N_1$ 和 $N_2$ 是灰度阈值。

### 4.2.4 基于 Matlab 图像处理的裂纹计算方法

基于 Matlab 图像处理，自主开发了一种能根据需要任意选择裂纹所在区域，提取煤岩裂纹，并对获取的裂纹图像进行灰度转换、细化及检测和计算像素意义下的裂纹长度和宽度的程序。此程序主要包括 4 个模块：输入图像、裂纹选择区域及灰度化、裂纹检测结果及裂纹长度和宽度计算结果输出模块（图 4-7）。

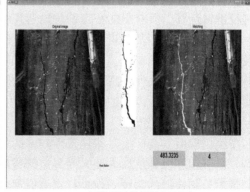

(a) 图像裂纹检测界面　　　　　　　　　　(b) 图像裂纹检测结果界面

图 4-7 图像裂纹检测程序界面

1. 裂纹检测处理流程

通过图像输入模块将煤岩裂纹原始图像输入程序，人工选择所要研究的裂纹区域，裂纹区域确定好后，进行灰度转化并且区域分割，进行腐蚀或膨胀运算提取裂纹主干，自动计算区域中像素下的裂纹长度。人工选择裂纹中不同宽度处，利用程序计算出像素下的裂纹长度及宽度，然后根据图像中标定点实际测量长度与像素值的换算系数，得出裂纹的长度与宽度的真实值，图像裂纹检测处理流程如图 4-8 所示。

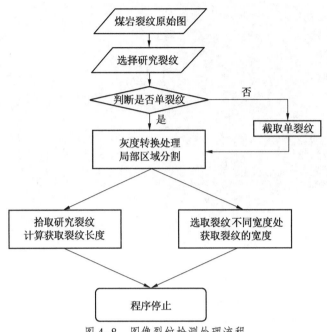

图 4-8　图像裂纹检测处理流程

2. 裂纹提取

将图像以二值化表述来对裂纹图像进行主干提取。二值化后的煤岩裂纹图，由于阈值的选择，可能会引起裂纹区域的偏大或偏小，也可能会造成不必要的连通或孔洞。根据具体情况，利用 Matlab 图像处理中的膨胀、腐蚀、开或闭运算来进一步减少上述现象。对于膨胀和腐蚀运算，在裂纹图像中主要根据其结构元素中的任意 0 和 1 组合与其二值图像之间进行逻辑运算，所获得的特定的逻辑运算结果被重新保存在输出图像中相应的像素位置上，运算的数学形态及逻辑关系在 4.2.2 节已经进行了详细介绍。本次裂纹图像的局部分割及提取进行了大量实验，实验表明对于煤岩压裂引起的裂纹扩展要先进行膨胀运算后再进行腐蚀运算，一次性的膨胀运算和腐蚀运算不能完全连接或去除孔洞，在进行了两次膨胀运算与腐蚀运算后得到的结果如图 4-5 中的局部分割所示。

3. 裂纹长度迭代计算

裂纹提取后，会产生一些连接性较差的裂纹点，但是不影响计算长度，关键点仍然被保留。由于程序设计可以方便人为界定研究对象区域，并设定裂纹边界像素 $T$ 值，通过像素阈值对分割选取的裂纹图像进行点坐标搜索，确定裂纹起始关键点及相邻点的坐标，计算两点之间的距离，迭代求和直至边界点，从而得到裂纹长度，其计算公式见式（4-39）、式（4-40）：

$$L(x) = \sqrt{[f(x+1,\ y) - f(x,\ y)]^2 + [f(x+1,\ y+1) - f(x+1,\ y)]^2} \qquad (4-39)$$

其中，$L(x)$ 为相邻两关键点之间的距离，$f(x,\ y)$、$f(x+1,\ y)$ 和 $f(x+1,\ y)$、$f(x+1,\ y+1)$ 是任意两相邻点的横纵坐标，裂纹总长度：

$$L = \sum_{x=1,\ y=1}^{n-1} L(x) \qquad (4-40)$$

以上得到的是像素意义下的裂纹长度，裂纹的真实长度需要在高速拍摄时在煤岩样品上进行尺寸标定，得到像素与真实尺寸的换算系数，裂纹的真实长度见下式：

$$L_T = L_S \varepsilon \tag{4-41}$$

式中　$L_T$——裂纹的真实长度；

　　　$L_S$——裂纹的像素长度；

　　　$\varepsilon$——换算系数。

4. 裂纹的宽度计算

对于裂纹宽度的计算及识别，前人提出了许多识别与计算方法。对于煤岩破裂裂纹，由于在裂纹扩展方向上裂纹宽度不同，并且裂纹扩展路径分布有水平、倾斜及垂直方向，不容易实现单纯地在水平、倾斜及垂直方向的扫描计算，再加上图像像素点分布规律呈现离散状态，所以为了方便针对不同裂纹状态的研究，程序设计有根据不同研究人员的不同需求，进行人为选取所研究裂纹区域，并同时界定识别边界像素值。对于裂纹宽度的识别和计算也需要选取特定的裂纹扩展区域中不同的宽度处，先进行下边界关键点的确定为某一像素点 $P_0(x_0, y_0)$，然后遍历上边界的像素点 $p_i(x_i, y_i)$，计算两点之间的距离，取最小值即为该处裂纹的宽度值算法如图4-9所示。

$d_i(p_0, p_i)$ 距离、裂纹宽度像素值 $w_s$ 及裂纹宽度真实值 $w$ 计算见下式：

$$\begin{cases} d_i(p_0, p_i) = \sqrt{(x_i - x_0)^2 + (y_i - y_0)^2} \\ w_s = d_{\min i}(p_0, p_i) \\ w = w_s \varepsilon \end{cases} \tag{4-42}$$

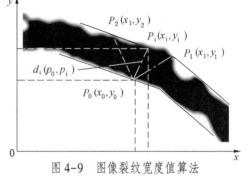

图4-9　图像裂纹宽度值算法

式中　$w$——裂纹的真实长度；

　　　$w_s$——裂纹的像素长度；

　　　$\varepsilon$——换算系数。

## 4.3　基于像素的煤表面裂纹扩展过程动态演化信息分析

### 4.3.1　裂纹尖端分支裂纹分类

根据所受的不同应力，将煤岩外生裂纹划分为4种类型，即松弛性裂纹、压性裂纹、张拉性裂纹及剪切性裂纹。由于不同应力作用于裂纹尖端而产生的不同形态，结合本次单轴压缩实验可将裂纹尖端分支裂纹划分为翼裂纹（张拉性裂纹）、次生倾斜裂纹（剪切性裂纹）、次生共面裂纹（剪切性或张拉性裂纹）等，如图4-10所示。

（1）翼裂纹：此种裂纹通常萌生较早，萌生位置一般出现在起始裂纹尖端，在尖端两侧同时产生，随着主应力荷载的增加，其扩展形式会逐步趋向于最大主应力方向。翼裂纹形态一般为折曲状线，其表面干净无碎屑剥落，翼裂纹属于张拉性裂纹。在翼裂纹的延伸扩展方向存在切向拉应力，这是形成翼裂纹的主要原因。

（2）次生倾斜裂纹：通常情况下次生倾斜裂纹萌生在翼裂纹之后，萌生位置可能会出现在起始裂纹尖端部位，也可能会出现在起始裂纹的中部两侧。次生倾斜裂纹主要受起始裂纹、翼裂纹或相邻裂纹垂直方向剪切应力作用，其延伸扩展比较短，最终趋向于最大主应力方向，在其裂纹表面会有碎屑状物质存在。次生倾斜裂纹属于剪切性裂纹。

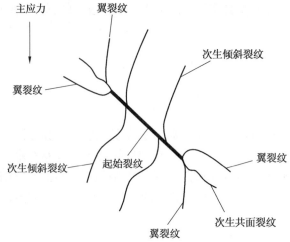

图 4-10　裂纹尖端分支裂纹分类

（3）次生共面裂纹：此种裂纹萌生时间无法确定，有时会出现在翼裂纹之前，有时会出现在翼裂纹之后，或者同时出现。萌生位置一般出现在起始裂纹的共面或接近共面，其扩展延伸方向会趋近于起始裂纹的共面方向，其表面会存在被挤压出的碎屑状物质，通常情况下，次生共面裂纹属于剪切性裂纹，但也存在张拉性裂纹的情况。此次单轴压缩实验对受载煤体裂纹扩展的观测结果与刘非男等的单轴岩石的观测结果有相似之处。

### 4.3.2　裂纹扩展演化信息分析

由于数据量较多，裂纹扩展演化信息分析主要以余吾矿单轴压缩煤样品为例。由图 4-11 可以看出，受载煤体峰值应力下样品裂纹破裂面主要由 L1～L9 条裂纹扩展最终交汇贯通形成，它们的萌发时间及位置各不相同，裂纹扩展各阶段的速度也不相同，分析过程以 L1～L3 为主，裂纹演化过程如图 4-12 所示。图 4-12 高速图像中标出的只是尖端分支裂纹萌生的位置、时间及长度，总的裂纹扩展速度、扩展长度与时间的关系如图 4-13 至图 4-15 所示。

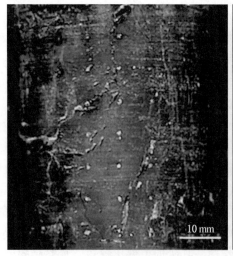 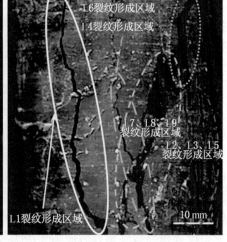

(a) 0 ms　　　　　　　　　　(b) 4966 ms 峰值应力 8.85 MPa

图 4-11　Ywm4 原始样品及峰值应力下样品裂纹

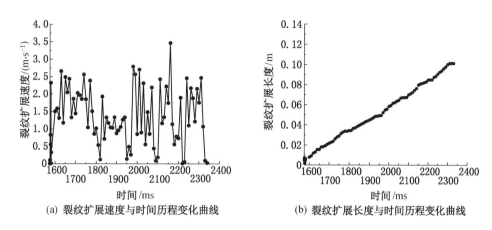

(a) 裂纹扩展速度与时间历程变化曲线　　(b) 裂纹扩展长度与时间历程变化曲线

图 4-12　L1 裂纹扩展速度、长度与时间的关系

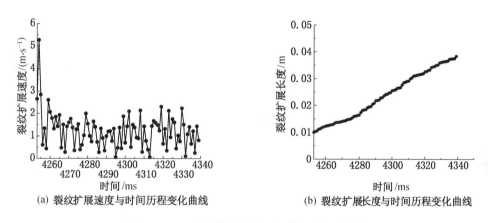

(a) 裂纹扩展速度与时间历程变化曲线　　(b) 裂纹扩展长度与时间历程变化曲线

图 4-13　L2 裂纹扩展速度、长度与时间的关系

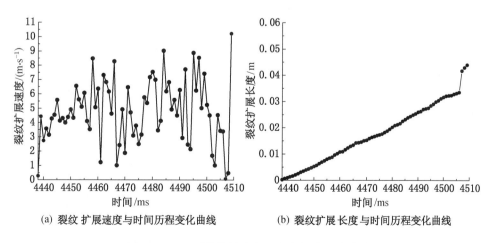

(a) 裂纹 扩展速度与时间历程变化曲线　　(b) 裂纹扩展长度与时间历程变化曲线

图 4-14　L3 裂纹扩展速度、长度与时间的关系

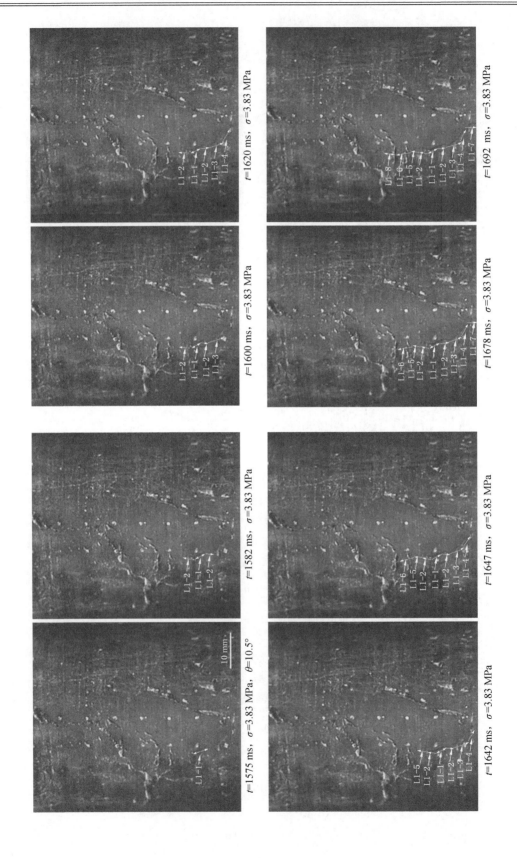

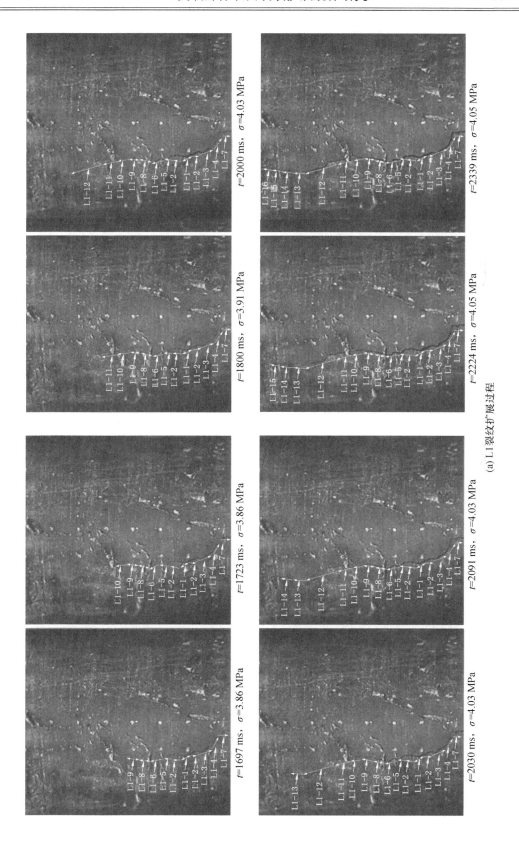

(a) L1裂纹扩展过程

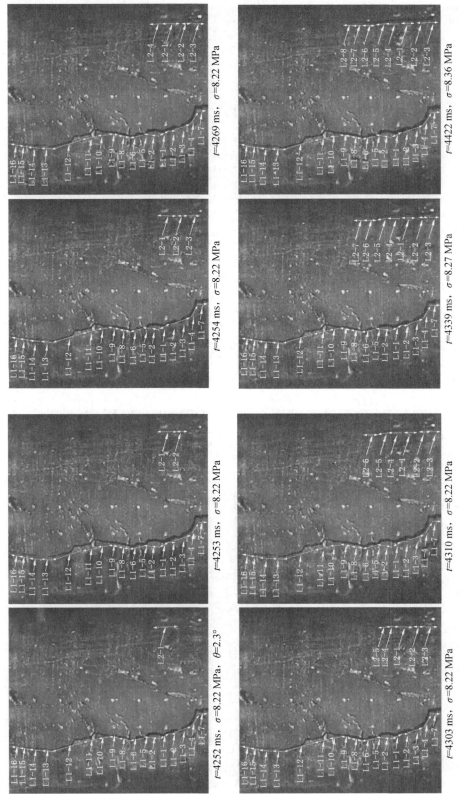

(b) L2裂纹扩展过程

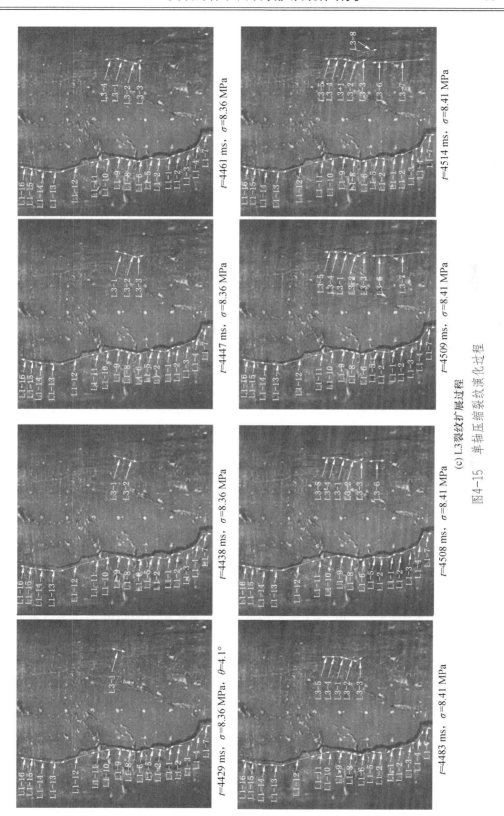

(c) L3裂纹扩展过程

图4-15　单轴压缩裂纹演化过程

（1）L1 裂纹的形成与扩展。L1-1 起始裂纹与垂直主应力的倾角 $\theta=10.5°$，起始裂纹长度为 0.0048 m，起始裂纹时间为 1575 ms，起始裂纹时的远场主应力为 3.83 MPa；随着裂纹的扩展 L1-2 翼裂纹萌生，位置在 L1-1 起始裂纹尖端两侧处，其长度为 0.0024 m，出现时间为 1582 ms，此时的远场主应力为 3.83 MPa；随着裂纹的扩展 L1-3 次生张拉性裂纹萌生，位于 L1-2 翼裂纹下方与其相连，长度为 0.0068 m，时间为 1600 ms，此时的远场主应力为 3.83 MPa；随着裂纹的扩展 L1-4 次生剪切性裂纹萌生，位于 L1-3 裂纹下方与其相连，长度为 0.0048 m，时间为 1620 ms，此时的远场主应力为 3.83 MPa；L1-5 为次生张拉性裂纹，沿着主应力方向扩展，位于 L1-2 裂纹上方与其相连，长度为 0.0072 m，时间为 1642 ms，此时的远场主应力为 3.83 MPa；L1-6 为次生张拉性裂纹，位于 L1-5 裂纹上方与其相连，长度为 0.0057 m，时间为 1664 ms，此时的远场主应力为 3.83 MPa；L1-7 为次生张拉性裂纹，沿着主应力方向扩展，位于 L1-4 裂纹下方与其相连，长度为 0.0047 m，时间为 1678 ms，此时的远场主应力为 3.83 MPa。

L1-8 为次生张拉性裂纹，沿着主应力方向扩展，位于 L1-7 裂纹上方与其相连，长度为 0.0043 m，时间为 1692 ms，此时的远场主应力为 3.86 MPa；L1-9 为次生张拉性裂纹，沿着主应力方向扩展，位于 L1-8 裂纹上方与其相连，长度为 0.0043 m，时间为 1697 ms，此时的远场主应力为 3.86 MPa；L1-10 为次生张拉性裂纹，沿着主应力方向扩展，位于 L1-9 裂纹上方与其相连，长度为 0.0061 m，时间为 1723 ms，此时的远场主应力为 3.86 MPa；L1-11 为次生张拉性裂纹，沿着主应力方向扩展，位于 L1-10 裂纹上方与其相连，长度为 0.005 m，时间为 1800 ms，此时的远场主应力为 3.91 MPa；L1-12 为次生张拉性裂纹，沿着主应力方向扩展，位于 L1-11 裂纹上方与其相连，长度为 0.0116 m，时间为 2000 ms，此时的远场主应力为 4.03 MPa；L1-13 为次生张拉性裂纹，沿着主应力方向扩展，位于 L1-12 裂纹上方与其相连，长度为 0.0052 m，时间为 2030 ms，此时的远场主应力为 4.03 MPa；L1-14 为次生张拉性裂纹，沿着主应力方向扩展，位于 L1-13 裂纹上方与其相连，长度为 0.0058 m，时间为 2097 ms，此时的远场主应力为 4.05 MPa；L1-15 为次生张拉性裂纹，沿着主应力方向扩展，位于 L1-14 裂纹上方与其相连，长度为 0.0031 m，时间为 2224 ms，此时的远场主应力为 4.05 MPa；L1-16 为次生张拉性裂纹，沿着主应力方向扩展，位于 L1-15 裂纹上方与其相连，长度为 0.0032 m，时间为 2339 ms，此时的远场主应力为 4.05 MPa。

（2）L2 裂纹的形成与扩展。L2-1 起始裂纹与垂直主应力的倾角 $\theta=2.3°$，起始裂纹长度为 0.011 m，起始裂纹时间为 4252 ms，起始裂纹时的远场主应力为 8.22 MPa；随着裂纹的扩展 L2-2 次生张拉性裂纹萌生，位于 L2-1 起始裂纹尖端下方，长度为 0.0028 m，时间为 4253 ms，此时的远场主应力为 8.22 MPa；随着裂纹的扩展 L2-3 次生张拉性裂纹萌生，位于 L2-2 裂纹下方与其相连，长度为 0.0053 m，时间为 4254 ms，此时的远场主应力为 8.22 MPa；随着裂纹的扩展 L2-4 次生张拉性裂纹萌生，位于 L2-1 裂纹上方与其相连，长度为 0.004 m，时间为 4269 ms，此时的远场主应力为 8.22 MPa；L2-5 为次生张拉性裂纹，沿着主应力方向扩展，位于 L2-4 裂纹上方与其相连，长度为 0.0034 m，时间为 4303 ms，此时的远场主应力为 8.22 MPa；L2-6 为次生张拉性裂纹，位于 L2-5 裂纹上方与其相连，长度为 0.0046 m，时间为 4310 ms，此时的远场主应力为 8.22 MPa；L2-7 为次生张拉性裂纹，沿着主应力方向扩展，位于 L2-6 裂纹上方与其相连，长度为

0.0036 m，时间为 4339 ms，此时的远场主应力为 8.27 MPa；L2-8 为次生张拉性裂纹，沿着主应力方向扩展，位于 L2-7 裂纹上方与其相连，长度为 0.004 m，时间为 4422 ms，此时的远场主应力为 8.36 MPa。

（3）L3 裂纹的形成与扩展。L3-1 起始裂纹与垂直主应力的倾角 $\theta = 4.1°$，起始裂纹长度为 0.0047 m，起始裂纹时间为 4429 ms，起始裂纹时的远场主应力为 8.36 MPa；随着裂纹的扩展 L3-2 次生张拉性裂纹萌生，位于 L3-1 起始裂纹尖端下方，其长度为 0.0025 m，出现时间为 4438 ms，此时的远场主应力为 8.36 MPa；随着裂纹的扩展 L3-3 次生张拉性裂纹萌生，位于 L3-2 裂纹下方与其相连，长度为 0.0028 m，时间为 4447 ms，此时的远场主应力为 8.36 MPa；随着裂纹的扩展 L3-4 次生张拉性裂纹萌生，位于 L3-1 裂纹上方与其相连，长度为 0.0032 m，时间为 4461 ms，此时的远场主应力为 8.36 MPa；L3-5 为次生张拉性裂纹，沿着主应力方向扩展，位于 L3-4 裂纹上方与其相连，长度为 0.0028 m，时间为 4483 ms，此时的远场主应力为 8.41 MPa；L3-6 为次生张拉性裂纹，位于 L3-3 裂纹下方与其相连，长度为 0.0121 m，时间为 4508 ms，此时的远场主应力为 8.41 MPa；L3-7 为次生张拉性裂纹，沿着主应力方向扩展，位于 L3-6 裂纹下方与其相连，长度为 0.0102 m，时间为 4509 ms，此时的远场主应力为 8.41 MPa；L3-8 为次生剪切性裂纹，位于 L3-2 裂纹尖端下方出现的分岔裂纹，长度为 0.0041 m，时间为 4514 ms，此时的远场主应力为 8.41 MPa。

综上所述，通过对以上裂纹扩展过程中信息的分析，结合图 4-12 至图 4-15，在 L1—L3 裂纹扩展长度随时间进程变化过程中验证了基于 Matlab 图像处理的裂纹计算方法的有效性，即 L1 裂纹随时间历程扩展过程中，裂纹的扩展总长度为 10.13 cm，实际测量的裂纹扩展总长度为 8.25 cm；L2 裂纹随时间历程扩展过程中，裂纹的扩展总长度为 3.84 cm，实际测量的裂纹扩展总长度为 3.77 cm；L3 裂纹随时间历程扩展过程中，裂纹的扩展总长度为 4.93 cm，实际测量的裂纹扩展总长度为 3.83 cm。有可能基于像素测量存在误差，有可能程序计算识别存在误差，有待于进一步验证，在高速摄影图上样品表面标有尺寸标记可以供参考者进行估测。

在 L1—L3 裂纹扩展速度随时间进程变化过程中验证了基于 Matlab 图像处理的裂纹计算方法的有效性，即 L1—L3 裂纹扩展速度随时间历程扩展过程中，裂纹的稳态、非稳态的速度变化范围分别为 0.013~3.47 m/s、0.063~5.27 m/s、0.082~10.22 m/s。而台湾大学谢其泰、郭俊志等利用电阻栅格测定了单轴压缩过程中砂岩的裂纹扩展速度，砂岩样品的杨氏量为 11.75 GPa，抗压强度为 52.3 MPa，泊松比为 0.178，压力机加载速率为 0.12 mm/min，得到的裂纹稳态速度变化范围为 $2.24 \times 10^{-4} \sim 1.22 \times 10^{-1}$ m/s，非稳态速度变化范围为 0.53~75.75 m/s。北京科技大学刘冬梅、蔡美峰等采用全息干涉法及高速摄影技术对单轴压缩花岗岩及砂岩样品进行了裂纹扩展速度的研究，并记录了岩石样品的破坏历程，得到了支裂纹平均扩展速度分别为 $1.61 \times 10^3$ μm/s、$0.99 \times 10^3$ μm/s。

从 L1—L3 裂纹扩展速度随时间进程变化规律上看，起始裂纹起裂以后，出现了一个短时间内的速度增加的过程，直到裂纹速度扩展到一个值后出现震荡现象。这一规律与 Fineberg 的研究较为相似，他认为引起这种现象的主要原因是裂纹起裂后，在其尖端产生的应力波的传导过程导致了这种现象。当然，结合第二章的实验结果，出现这种速度增加、减少的现象，实际上也是由于煤是一种非均质结构，在煤表面裂纹扩展时，不同的石英、方解石、黏土矿物及孔隙等结构引起了裂纹扩展速度发生变化。

Kumar 等在 1968 年，基于不同应变加载速率、不同温度下的花岗岩及玄武岩的压缩实验，提出了裂纹扩展速度与之间的加载应变速度关系式，并且认为裂纹扩展速度也是荷载应力的函数。Kipp、Grady 等学者也提出了相似的看法，即对于具有较低强度的岩石材料，处于较低水平应力下就起裂激活的裂纹会在外部荷载应力水平能够产生其他裂纹扩展前，就扩展并贯通使材料破坏；对于具有较高强度的岩石材料，在荷载应力较低状态下产生的裂纹，在应变速率增加的情况下，会在外部荷载增加到一定应力水平后，多条裂纹共同参与消耗外功使材料破坏。

通过此次试验对煤单轴加载裂纹扩展过程的记录及结合裂纹扩展演化信息的分析，可以发现与 Kipp、Grady 等学者提出的相似观点，也有不同之处。相似之处是在单轴压缩过程中，在低水平应力下产生的激活裂纹会在加载后期应变速率增加时与新生成的裂纹相互作用贯通使煤岩材料破坏；不同之处是在较低应力水平下激活的裂纹会在相同应力水平下继续扩展，即外部荷载不变的情况下裂纹会呈现扩展现象。对于这一现象，Goldman 及范天佑等研究认为外部荷载恒定下的裂纹扩展存在惯性效应，当裂纹一旦起裂产生的应力波传输回裂纹尖端，会使裂纹得到惯性进一步加速扩展，也就是说外部荷载应力不是裂纹扩展速度的有效控制因素，实际上对变速裂纹扩展下的动态裂纹的扩展研究，分析难度较大。

# 5 受载煤体表面裂纹扩展及声电效应机理研究

前几章对单轴压缩及短时蠕变状态下受载煤体声发射、声波、电磁辐射、电性参数及裂纹扩展实验的分布特征及规律进行了研究。本章基于对煤岩宏观、微观的裂纹扩展及电磁辐射产生机理与机制的分析，结合焦散线实验对动态应力强度因子测定的可行性，在前人研究的基础上，从理论上构建了基于Ⅰ型动态应力强度因子的单轴压缩裂纹扩展速度及电磁辐射模型，并进行有效性验证。

## 5.1 受载煤体裂纹扩展机理

### 5.1.1 裂纹宏观扩展过程

大量研究结果显示，原始煤岩体经地质作用在形成过程中，内部会存在不同量级的孔隙及裂隙，并且煤岩材料本身还是由大量晶粒结构构成的多晶体。以上这些裂隙、孔隙以及由晶粒间造成的空位、缺陷和应力集中现象都将对煤岩的宏观力学行为造成很大的影响。前人的研究发现，煤岩等脆性材料能够在远低于屈服应力的情况下发生"低应力脆断"，这主要是由于材料本身存在的缺陷、空位及裂纹造成的，这些缺陷、空位及裂纹称为Griffith缺陷。Griffith缺陷独立存在于脆性材料中且数量较多，其大小、方向及形状都不相同。由于材料中这些缺陷会产生应力集中，导致宏观理论强度和实测强度出现较大差别。

前人对裂纹扩展的研究有两个不同的方向：一个是以应力强度为研究点，认为裂纹能够扩展的临界条件是裂纹前缘的应力强度达到临界值；另一个是以能量分析为基础，Griffith认为材料体在裂纹扩展中能释放出弹性能，并且释放的这种弹性能与产生的新断面所消耗的能量相等。以上两种观点密切联系，但不能完全等效。

1. 裂纹宏观扩展的3种基本类型

煤岩在受力条件下，可以根据煤岩表面裂纹端部位移，将宏观裂纹扩展分为Ⅰ型拉伸或张开型即受垂直于裂纹表面拉应力的作用，裂纹的位移方向为 $y$ 方向，扩展方向为 $z$ 方向；Ⅱ型面内剪切或滑开型即受平行于裂纹表面剪应力的作用，其垂直于裂纹前缘，裂纹上下表面位移方向为 $z$ 方向；Ⅲ型反平面剪切或撕开型即受平行于裂纹表面和前缘剪应力的作用，裂纹上下表面位移方向为 $x$ 方向，如图5-1所示。以上裂纹端部位移3种基本形式的叠加可得到裂纹端部应力场及变形的最普遍的形式。

2. Ⅰ、Ⅱ、Ⅲ型裂纹端部应力场与位移场

Griffith不仅从能量角度研究了裂纹的扩展，而且也从裂纹端部的应力场及位移场角度研究了裂纹的扩展，发现裂纹扩展的条件是裂纹端部的应力场强度达到材料的某一临界值。为了更好地进行裂纹扩展的研究，现总结分析3种基本裂纹端部的应力场和位移场。

1) Ⅰ型平面裂纹端部应力场、位移场及应力强度因子

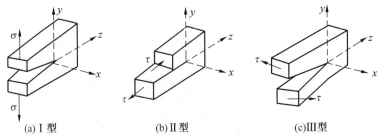

(a) Ⅰ型  (b) Ⅱ型  (c) Ⅲ型

图 5-1 裂纹宏观扩展的 3 种基本类型

对于Ⅰ型平面裂纹，如图 5-1 所示设定在无穷大板中受远场 $x$、$y$ 方向均匀拉伸应力 $\sigma$ 作用，并且含有长度为 $2a$ 的穿透裂纹，根据 westergaard 应力函数，Ⅰ型平面裂纹端部应力场分布可表示为

$$
\begin{cases}
\sigma_{\mathrm{I}x} = \dfrac{K_{\mathrm{I}}}{\sqrt{2\pi r}}\left(1 - \sin\dfrac{3\alpha}{2}\sin\dfrac{\alpha}{2}\right)\cos\dfrac{\alpha}{2} \\[3mm]
\sigma_{\mathrm{I}y} = \dfrac{K_{\mathrm{I}}}{\sqrt{2\pi r}}\left(1 + \sin\dfrac{3\alpha}{2}\sin\dfrac{\alpha}{2}\right)\cos\dfrac{\alpha}{2} \\[3mm]
\tau_{\mathrm{I}xy} = \dfrac{K_{\mathrm{I}}}{\sqrt{2\pi r}}\cos\dfrac{3\alpha}{2}\cos\dfrac{\alpha}{2}\sin\dfrac{\alpha}{2}
\end{cases}
$$

$$K_{\mathrm{I}} = \sigma_{\mathrm{I}}\sqrt{\pi a} \tag{5-1}$$

式中　$\sigma_{\mathrm{I}}$——外加均匀拉伸应力；

　　　$K_{\mathrm{I}}$——Ⅰ型平面裂纹的应力强度因子；

　　$r$、$a$——裂纹顶端坐标。

Ⅰ型平面裂纹端部位移分布可表示为

$$
\begin{cases}
u_{\mathrm{I}} = \dfrac{K_{\mathrm{I}}}{8G}\sqrt{\dfrac{2r}{\pi}}\left[(2k-1)\cos\dfrac{\alpha}{2} - \cos\dfrac{3\alpha}{2}\right] \\[3mm]
v_{\mathrm{I}} = \dfrac{K_{\mathrm{I}}}{8G}\sqrt{\dfrac{2r}{\pi}}\left[(2k+1)\sin\dfrac{\alpha}{2} - \sin\dfrac{3\alpha}{2}\right]
\end{cases} \tag{5-2}
$$

式中　$G$——材料的切变模量，$G = \dfrac{E}{2(1+v)}$。

平面应力情况下 $k = \dfrac{3-v}{1+v}$，平面应变情况下 $k = 3-4v$。

2)　Ⅱ型平面裂纹端部应力场、位移场及应力强度因子

对于Ⅱ型平面裂纹，如图 5-1 所示设定在无穷大板中受远场剪切力 $\gamma$ 作用，并且含有长度为 $2a$ 的穿透裂纹，Ⅱ型平面裂纹端部应力场分布可表示为

$$
\begin{cases}
\sigma_{\mathrm{II}x} = -\dfrac{K_{\mathrm{II}}}{\sqrt{2\pi r}}\left(2 + \cos\dfrac{3\alpha}{2}\cos\dfrac{\alpha}{2}\right)\sin\dfrac{\alpha}{2} \\[3mm]
\sigma_{\mathrm{II}y} = \dfrac{K_{\mathrm{II}}}{\sqrt{2\pi r}}\cos\dfrac{\alpha}{2}\cos\dfrac{3\alpha}{2}\sin\dfrac{\alpha}{2} \\[3mm]
\tau_{\mathrm{II}xy} = \dfrac{K_{\mathrm{II}}}{\sqrt{2\pi r}}\left(1 - \sin\dfrac{3\alpha}{2}\sin\dfrac{\alpha}{2}\right)\cos\dfrac{\alpha}{2}
\end{cases}
$$

$$K_{\text{II}} = \tau\sqrt{\pi a} \tag{5-3}$$

式中　　$K_{\text{II}}$——Ⅱ型平面裂纹的应力强度因子；

　　　　$r$、$a$——裂纹顶端坐标。

Ⅱ型平面裂纹端部位移分布可表示为

$$\begin{cases} u_{\text{II}} = \dfrac{K_{\text{II}}}{8G}\sqrt{\dfrac{2r}{\pi}}\left[\sin\dfrac{3\alpha}{2} + (2k+3)\sin\dfrac{\alpha}{2}\right] \\ v_{\text{II}} = -\dfrac{K_{\text{II}}}{8G}\sqrt{\dfrac{2r}{\pi}}\left[\cos\dfrac{3\alpha}{2} + (2k-3)\cos\dfrac{\alpha}{2}\right] \end{cases} \tag{5-4}$$

3）Ⅲ型平面裂纹端部应力场、位移场及应力强度因子

对于Ⅲ型平面裂纹，如图 5-1 所示设定在无穷大板中沿 $z$ 轴方向，受远场均匀剪切力 $\gamma$ 作用，并且中心含有长度为 $2a$ 的穿透裂纹，同时，沿 $z$ 轴方向位移 $w \neq 0$，且仅是 $x$、$y$ 的函数。Ⅲ型平面裂纹端部应力场和位移场分布可表示为

$$\begin{cases} \tau_{\text{III}xz} = -\dfrac{\sin\alpha/2}{\sqrt{2\pi r}}K_{\text{III}} \\ \tau_{\text{III}yz} = \dfrac{\cos\alpha/2}{\sqrt{2\pi r}}K_{\text{III}} \end{cases} \tag{5-5}$$

$$W = \dfrac{2\sin\alpha/2}{G}\sqrt{\dfrac{r}{2\pi}}K_{\text{III}}$$

$$K_{\text{III}} = \tau\sqrt{\pi a} \tag{5-6}$$

式中　$K_{\text{III}}$——Ⅲ型平面裂纹的应力强度因子。

由以上Ⅰ、Ⅱ、Ⅲ型平面裂纹端部应力场及位移场分量分布可知：①应力场及位移场分量都与其应力强度因子 $K$ 成正比。当相应的应力强度因子 $K$ 增大时，裂纹端部附近的应力场及位移场分量会呈一定比例的相应增大，即应力强度因子 $K$ 是裂纹端部应力场强度的控制参数。②裂纹端部具有奇异性，裂纹端部应力分量与 $\sqrt{r}$ 成反比关系，并且越靠近裂纹尖端时，应力分量越趋于较大，即当 $r \to 0$，$\sigma_{ij} \to \infty$。③裂纹端部的位分布函数成正比关系。④对于线弹性脆断问题，在裂纹端部区域存在由应力强度因子 $K_{\text{I}}$、$K_{\text{II}}$、$K_{\text{III}}$ 控制的 $K$ 主导区，并且这些应力强度因子主要与外部荷载力的作用方向、大小、裂纹尺寸、方向及形状和材料泊松比等因素有关，与裂纹端部区域内点的坐标无关。

3. 裂纹扩展过程

基于能量平衡原理，Griffith 研究了脆性材料的断裂过程，认为材料固体的断裂破坏是裂纹扩展的结果，而其扩展的临界条件是基于式（5-7）提出的能量变化率平衡公式，可以表示为

$$\sigma_c = \sqrt{\dfrac{2E\gamma}{\pi a}} \tag{5-7}$$

式（5-7）是在平面应力状态下求解获得的，其中 $\sigma_c$ 为裂纹扩展时的临界应力，$\gamma$ 为单位面积的表面能，$a$ 为裂纹半长。

材料固体在外加恒定荷载下，由于在材料固体中产生的裂纹大小、方向及形状均不相同，导致其边缘上产生的集中应力具有各向异性，并且这种集中应力远大于外加恒定荷

载；当其中任一点的应力超过材料固体的临界条件时，材料固体释放出应变能大于新表面能，材料固体会突然断裂。以上 Griffith 理论仅仅考虑了材料在应力场中所释放的弹性应变能与裂纹扩展产生新表面所需表面能之间的平衡，实践证明其与脆性材料破裂较为接近。

对于内部存在较多颗粒的实际煤岩体，煤岩体在外部荷载作用下，颗粒间隙及产生的裂纹面之间会产生摩擦。对于上述这种摩擦力，在 Griffith 的脆性断裂理论中并没有讨论。Walsh 和 Meclintock 提出了 Griffith 修正理论。对于在外部荷载为压应力作用下，且具有闭合裂纹的脆性材料，其单轴压缩强度与单轴拉伸强度之间的关系可表示为

$$\sigma_c = \frac{-4\sigma_t}{\sqrt{\mu^2 + 1} - \mu} \tag{5-8}$$

式中　$\sigma_c$——单轴压缩强度；

　　　$\sigma_t$——单轴拉伸强度；

　　　$\mu$——裂纹表面之间的摩擦系数。

当外部荷载在压应力作用下时，材料裂纹开始扩展的方向倾斜于压应力方向，然而随着裂纹的继续发展，裂纹的扩展方向或与压应力方向成一定倾斜角度发展，或与压应力平行方向发展。如图 5-2 所示，根据 G. C. Sih 模型，对于一块承受最小主应力 $\sigma_3$ 和最大主应力 $\sigma_1$ 的平板，含有短轴为 $b$ 及长轴为 $a$ 的裂纹，可以通过式（5-9）计算确定边界应力集中情况及临界裂纹方向。

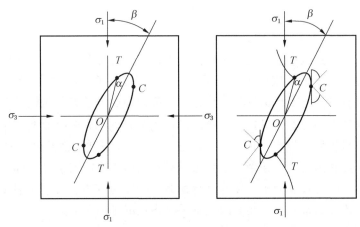

(a) 压应力作用下平板椭圆孔　　　(b) 张开型裂纹临界方向扩展模型

图 5-2　压应力作用下张开型裂纹临界方向扩展模型

$$\cos 2\beta = -\frac{1}{2}\left[\left(\frac{\sigma_1 - \sigma_3}{\sigma_1 + \sigma_3}\right)\left(\frac{a+b}{a-b}\right) - \left(\frac{\sigma_1 - \sigma_3}{\sigma_1 + \sigma_3}\right)\left(\frac{4ab}{a^2 - b^2}\right)\right] \tag{5-9}$$

其中，集中压应力及拉应力可分别表示为

$$\begin{cases} \sigma_c = -3\sigma_t \\ \sigma_t = \frac{(a+b)^2}{4ab} \cdot \frac{(\sigma_1 - \sigma_3)^2}{\sigma_1 + \sigma_3} \end{cases} \tag{5-10}$$

当长轴 $a$ 远大于短轴 $b$ 时，在长轴 $a$ 附近的端部会出现压应力和拉应力的集中应力点

位区域，但不是在椭圆顶端的尖部。如果拉应力 $\sigma_t$ 的集中位置由 $\alpha$ 决定，那么

$$\cos 2\alpha = \frac{a^2 + b^2}{a^2 - b^2} - \left(\frac{\sigma_1 + \sigma_3}{\sigma_1 - \sigma_3}\right)^2 \frac{8a^2 b^2}{(a^2 - b^2)(a + b)^2} \qquad (5-11)$$

以上裂纹的扩展是从 $T$ 处开始的（图5-2），而不是从顶部开始的。对于图5-2，在压应力作用下的裂纹扩展位置是不同的，图中的 $C$ 点是集中应力点的位置，若裂纹尖端存在塑性变形那么 $C$ 点首先扩展，压应力作用下的裂纹扩展形式通常是在靠近裂纹端部向外呈放射状。对以上受力状态进行分析可以看出，裂纹扩展的形式并不是直线传播，而是以委曲式展开。由前面的实验可知，煤中除了含有显微组分外，还含有大量黏土矿物和非晶质等结构，当裂纹扩展至不同结构时，有可能会导致裂纹方向改变或产生分岔等现象。

4. 裂纹分岔过程

由于在裂纹尖端附近材料微结构不同，以及外部荷载或裂纹几何形状的非对称性，会导致分岔现象的产生，对于产生原因，劳恩给出了3种原因分析：①应力波分岔；②动态裂纹顶端场畸变；③二级断裂启裂。在实验的基础上，Knauss 及 Chandar 阐述了裂纹分岔的一些机理，并且提出了裂纹扩展过程中的分岔微观模型。裂纹只有满足一定条件才能出现分岔，Kobayashi 和 Ramulu 提出了裂纹分岔的一个与实验结果相一致的综合判定准则：

$$\begin{cases} r \leqslant r_c & \text{（充分条件）} \\ K \geqslant K_{1b} & \text{（必要条件）} \end{cases} \qquad (5-12)$$

式中    $r_c$——特征距离的临界值；

       $K_{1b}$——裂纹分岔时的断裂韧度。

5. 裂纹扩展与汇合

单轴压应力外部荷载在作用于煤岩体材料时，首先会产生与远场主应力成一定角度的起始裂纹或由于拉张应力的产生在其法线方向产生起始裂纹。随着外部荷载远场主应力的持续，在起始裂纹的尖端处会产生翼裂纹、次生倾斜或共面等裂纹，这些次生裂纹在拉张应力或剪切应力的作用下会与起始裂纹不断交汇、连接，最终会在主应力平行方向或成一定角度的方向形成主裂纹，这种主裂纹与次生裂纹的不断连接与交汇会一直持续到断裂前。当然在裂纹萌生、扩展、交汇与连接的过程中，有可能会出现裂纹闭合或摩擦现象，尤其对单轴压应力外部荷载作用，对于裂隙面通常有正应力 $\sigma$ 和剪应力 $\gamma$，若能够符合以下原则：

$$|\gamma| > \sigma_{\text{正}} \mu \qquad (5-13)$$

那么许多裂纹面由于相对滑动或闭合而产生的累积应变超过某个阈值时，煤岩就会发生断裂。这种累计应变会形成应变集中带区域，其结果是导致裂纹的产生、不断扩展、连通、密集及汇合。

综上所述，在外部荷载作用下，煤岩材料宏观变形破裂过程是材料中缺陷或大量裂纹的产生、不断扩展、连通及汇集，并在材料中相对弱的方向形成断裂面。在以上宏观变形破裂过程中，由于受荷载应力作用分布的不均衡及材料非均质结构特征的影响，导致裂纹间歇性的、非均匀性的扩展，并且扩展速度也是变化的。因此，由此过程伴随而生的声电物理现象具有方向性、间歇性及非均匀性。

**5.1.2 裂纹微观扩展机理**

在微观层面上，任何物体都是由原子核和电子组成的，包括煤岩体。正常条件下，受

力固体材料的化学结构不能被改变，改变的只是固体材料微观结构中的外围电子势。当被束缚在原子核一定轨道上的电子受到扰动，克服原子核的吸引，这些电子会改变其原始轨道跃迁至更高能级的轨道上去。当这些围绕原子核高速运转的电子产生的"电子云"相互作用发生畸变时，会导致固体中微观粒子的相互作用力，这种力的综合宏观效应体现就是固体变形破裂等性质。

　　Griffith 从热力学角度利用宏观参量阐明了断裂的基本准则，Griffith 认为对完整的裂纹断裂描述需要从分子尺度出发来进行评价，并且提出了固体强度的分子理论即裂纹尖端的最大应力应该等于固体的理论强度，也就是内聚键分子结构能够承受的极限应力。在 Griffith 提出的概念的基础上，劳恩也认为固体的力学性质根本上都是由其原子尺度决定的，固体材料裂纹的微观扩展机理为裂纹尖端原子尺度范围内分子键依次断裂的过程。从根本上说，裂纹的扩展阻力是由固体原子之间的结合键最终决定的，因此，对于断裂过程的完全描述必须从原子和分子水平上去寻求。对于煤岩体失稳破坏裂纹的扩展过程，可以从原子和分子水平上去研究，以便对其发展的物理效应有更深刻的物理认识。一般情况下，煤岩体的断裂过程实际上是上述基本粒子相互化学作用削弱的过程，基本粒子周围会产生电磁场，并且每个粒子又处于其他作用粒子的电磁场中。由于基本粒子的运动速度没有达到光速，可以不考虑相对论效应，也可以看成是没有大小的质点。

　　固体理论的基础是量子力学。在经典物理的基础上来建立固体理论，并解释固体变形及强度特征是不能完全实现的，必须借助量子力学的概念。由 Schrödinger 方程可以给出任意可能理想体系定态：

$$H\psi = E\psi \tag{5-14}$$

式中　$E$——结构体系的总能；

　　　$\psi$——波函数。

$H$ 定义如下：

$$H = -\frac{h^2}{2}\sum_{i=1}^{N}\frac{1}{m_i}\left(\frac{\partial^2}{\partial x_i^2} + \frac{\partial^2}{\partial y_i^2} + \frac{\partial^2}{\partial z_i^2}\right) + \sum_{i=1}^{i=N}\sum_{j=1}^{j=i-1}\frac{q_iq_j}{|r_i - r_j|} \tag{5-15}$$

式中　　　　　$h$——普朗克常量，$h = 1.055 \times 10^{-34}$ J·S；

　　　　　　　$N$——结构体系的粒子数；

　　　　　　　$m_i$——第 $i$ 个基本粒子的质量；

　　　　　　　$q_i$——第 $i$ 个基本粒子的电荷；

　　　　　　　$q_j$——第 $j$ 个基本粒子的电荷；

　　　　　　　$r_i$、$r_j$——不同基本粒子到原子核的距离；

　　　　　$x_i$、$y_i$、$z_i$——第 $i$ 个粒子的坐标。

　　式（5-15）中的第一项表示基本粒子的动能，第二项表示基本粒子的 Coulomb 相互作用。

　　对于固体的周期理想结构体，在其中确定任一最小晶胞 $v$，其边界面 $A$ 的定义为

$$(n_i \nabla)\psi = \frac{\partial\psi}{\partial n_i} = 0 \quad (i = 1, 2, 3, \cdots, N) \tag{5-16}$$

式中　$n_i$——相对应面的法线，$n_i = n_i(x_i, y_i, z_i)$。

　　根据上述描述，研究一个晶胞即可，$n$ 表示一个晶胞的粒子数，其归一化条件可表

示为

$$\int_v |\psi(x_1, y_1, z_1, \cdots, x_n, y_n, z_n)|^2 dx_1 dy_1 dz_1 dx_n dy_n dz_n = 1 \qquad (5-17)$$

式（5-17）实际上是给出了在空间范围内找出粒子总体的概率，$|\psi(x_1, y_1, z_1, \cdots, x_n, y_n, z_n)|^2 dx_1 dy_1 dz_1 dx_n dy_n dz_n$ 表示第一个粒子是以 $(x_1, y_1, z_1)$ 为中心的体积元 $dx_1 dy_1 dz_1$ 内，第二个粒子以 $(x_2, y_2, z_2)$ 为中心的体积元 $dx_2 dy_2 dz_2$ 内的概率，依次可以类推，$|\psi|^2$ 是其概率密度。这种粒子云在动量空间中的动量（$\Delta p_x$，$\Delta p_y$，$\Delta p_z$）与粒子云的尺寸（$\Delta x$，$\Delta y$，$\Delta z$）之间符合测不准关系

$$\begin{cases} \Delta x \Delta p_x - h \\ \Delta y \Delta p_y - h \\ \Delta z \Delta p_z - h \end{cases} \qquad (5-18)$$

粒子的非稳定状态特征与其总能也存在测不准关系：

$$\Delta t \Delta E - h \qquad (5-19)$$

对于固体理想结构而言，理想结构的最小 $E_0$ 能量是研究其断裂的重要因素。确定了 $E_0$，理想晶格受外界扰动反应的全部物理量就可以被表征为变形强度及抗力等。对于任意给定的电子与原子核，是否存在晶胞或晶胞形状及大小、尺寸都可以通过式（5-19）的边界条件和绝对最小晶胞总能 $E$，从讨论问题的解中来确定答案。

由于量子力学不能准确求解由大量原子组成的多粒子体系，因此对于固体中电子能量状态的计算需要借助于近似方法。通过 Hartree-Fock 和 Born-Oppenheimer 近似方法，并利用泡利不相容原理，可以将多体问题简化为单电子问题，即利用单电子 Schrödinger 方程：

$$\left[ -\frac{h^2}{2m} \nabla^2 + v(r) \right] \psi(r) \nabla = E\psi(r) \qquad (5-20)$$

$$v(r) = v_1(r) - \frac{e}{4\pi\varepsilon_0} \int \frac{\rho(r')dr'}{|r - r'|} + \frac{e}{4\pi\varepsilon_0} \int \frac{\rho^{\overline{HF}}(r, r')}{|r - r'|} dr' \qquad (5-21)$$

式（5-20）中 $E$ 代表晶体中电子的能量本征值；$\psi(r)$ 为波函数，具有 Bloch 函数性质。式（5-21）中 $v(r)$ 具有晶格周期性，为晶体势；式中第一项为原子核的势能，第二项和第三项包括电子之间的相互作用，第三项为与交换作用相关的势能项。

根据式（5-20）及式（5-21），结合薛定谔方程可以求解出固体中的电子状态。对于受力作用下的煤体等固体材料，可以通过式（5-20）及式（5-21），结合薛定谔方程可以求解出固体中的电子状态，以及煤岩失稳破裂过程中产生的声电等现象。

## 5.2 受载煤体电磁辐射产生的机理

任何煤岩固体材料在正常条件下，其原子及电子的微观结构处于动态平衡状态，宏观上不产生声电等效应；当动态平衡被打破后，会造成煤岩中部分束缚电荷挣脱束缚势垒，使得自由电荷浓度或数量增加，产生与其相应的电磁辐射现象。电荷分离是产生电磁辐射的基础，而电荷分布重新进入动态平衡的过程也就是电磁等效应产生的历程。因此，对于煤岩破裂电磁辐射产生的机理与机制的研究，可以从电荷如何分离以及电荷如何重新分布两个方面来进行。

### 5.2.1　电荷分离的机理与机制

#### 1. 量子力学理论分析自由电荷的产生

根据量子力学和量子化学研究微观物质的方法，可以依据微观粒子在某一时刻的已知状态函数，通过 Schrödinger 方程求解确定煤岩等固体材料在受载破裂情况下的状态。由于岩石是由多电子原子组成的晶体，郭自强等以硅四面体典型构造为基本单元，利用量子化学及量子力学的方法定量地求解出了单轴应力下直至破裂时的电子状态。

对于煤岩体固体材料，其是由一定尺度的极限粒度构成的并且内部分布有不均匀杂质，宏观应力对煤岩体不同结构基本单元产生的集中应力不相同。在受力初始状态下，固体材料中原子结构受到的影响较低，成为自由态的电子也较少，但是也会存在小部分分子轨道畸变导致其束缚电子成为自由态；随着应力加载作用的提高，裂纹扩展并发生沿晶断裂时，极限粒度受到破坏，畸变成为自由态的电子数量增多，电子加速度及累计产生的电场才会增高。在煤岩体材料受载破裂过程中，其基本微观结构单元分子轨道能级的畸变，造成了轨道上自由电子浓度的增加，成为电磁辐射自由电荷的主要来源。

#### 2. 能带理论分析自由电子的产生

固体中的电子分布状态区别于单个原子中的电子分布状态，依据原子理论，对于单个原子而言，其电子稳定在内外层轨道能级上。对于固体材料中晶体的形成，实际上是相邻原子微观结构紧密分布而形成的，由于原子之间的距离为几个埃的数量级，任意原子会受到其他原子的电场和磁场的共同作用，这种共同作用会导致原子轨道结构相互重叠，其结果会引起处于原始状态的电子能级分裂成一系列与原有能级较接近的新能级，这些新能级形成能带。能带较宽的能量高，相对应的是外层电子的能级；能带窄的能量低，相对应的是内层电子的能级。由于电子的分布状态不同，会出现空带与满带状态，能带与能带之间不允许电子存在的能量范围称为禁带。晶体中电子的运动受晶格同周期势场的作用，但研究表明，周期性势场中的电子运动与自由电子运动的基本特点非常接近，均遵循薛定谔方程。

##### 1）热激发电子发射

研究发现，由热激发形成的自由电子不足够引起较强的电子导电，电介质晶体的电子导电主要是由于杂质的作用。对于煤岩体电介质由于其内部存在的大量杂质，使得电介质晶体的禁带中增加了中间能级，这种杂质中间能级在受热的激发作用下，会增加自由电子的数量；除此以外，当煤岩体等固体材料在外部荷载作用时，有可能在局部裂纹面因滑动而触发强电场，从而使较多的本征电子加速运动，引起向外辐射的电磁波。

##### 2）场致冷发射

在量子力学理论中，对于电子等微观粒子，如图 5-3 所示，粒子能够由一区域穿越到三区域，对于势垒穿越后的粒子能量变化不大。对于图 5-3 中的一维矩形势垒模型，势垒宽度为 $l$，高度为 $u_0$，电子能量为 $u$，在强电场情况下，当势垒宽度 $l$ 不是很大，粒子能量 $u$ 不是太低于势垒高度 $u_0$ 时，由于量子隧道效应，电子有可能穿过势垒。

当 $u < u_0$ 时，透射系数 $D$ 即穿透势垒的粒子数与入射的总粒子数的比值，可根据薛定谔方程近似计算求得

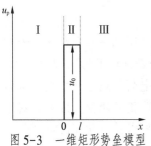

图 5-3　一维矩形势垒模型

$$D \approx e^{-\frac{4\pi l}{h}\sqrt{2m(u_0 - u)}} \qquad (5-22)$$

由式（5-22）可以分析出，透射系数 $D$ 取决于势垒宽度、高度及粒子能量之差。当势垒宽度 $l$ 越小时，粒子透射概率越大；当粒子能量越高即 $u_0-u$ 越小时，粒子透射概率越大。

对于煤岩电介质，在受载破裂过程中，有可能在局部裂纹面因滑动或扩展而触发强电场，增加了束缚电子势垒穿越的可能性，进一步引起较多自由电荷加速运动，产生电磁辐射效应。

3）电离或击穿而形成的电子

对于固体和气体电介质，因外部电离因素离解出的电子和离子成为主要载流子。根据量子力学，原子的最小位能基态是电子位于原子核较近的各个能级轨道的状态，当在外部因素作用下，靠近原子核能级轨道上的电子获得能量，跃迁到较高能量的能级上，使得原子处于激励状态。在受载煤岩变形破裂过程中，当其裂纹面间存在足够强电场时，其间的固体或气体原子在强电场下逃离约束，形成自由电荷，在这个电离或击穿的过程中，有时会伴有声发射及电磁辐射等现象。

3. 压电效应

压电效应是较早地被用来阐释电磁辐射机理的理论。但是 Russell、Warwick 及 Maxwel 等人对不含有和含有压电材料的岩石进行了电磁辐射研究，研究认为两种材料都会产生电磁效应。因此，也有学者研究认为压电效应的存在是引起电磁辐射产生的原因之一。总结前人的研究成果发现，压电体材料的存在有利于电磁辐射的产生，压电效应的存在是引起电磁辐射产生的原因之一，但不是唯一的原因。

4. 摩擦效应

煤岩体材料是由多种矿物颗粒及杂质等组成的非均质结构。在煤岩体受到外部载荷作用时，尤其是受载初期，矿物颗粒之间、颗粒与杂质之间和杂质之间会产生错动和滑动，这些不同介电常数的物质因错动或滑动在界面之间会形成偶电层，这也是摩擦效应引起分离电荷的根本原因。

5. 受载煤体破裂过程中的电荷分离

基利凯耶夫等实验测量了柱状样品在单轴压缩下的电场，研究证明了受载变形的岩石在破裂时其表面产生自由电荷。苏联学者 Gokhberg 在研究应力作用下的岩石力学电现象（压电、摩擦、斯捷潘诺夫及双电层效应）时，认为分离电荷的张弛引起了电磁辐射效应。Brady、Carpinteri、Frid 等对剪应力作用下的煤岩体受载进行了研究，发现剪应力会造成大量的微裂纹，并且在裂纹尖端会聚集大量分离电荷，对外形成电磁效应。潘一山等研究认为煤岩受载裂纹扩展过程促使裂纹尖端束缚电荷脱离束缚转变成自由电荷的概率增大。王恩元等在实验的基础上，研究认为扩展裂纹的尖端及新形成的裂隙壁面构成了自由电荷的主要来源。

前面已经总结过，煤岩材料宏观变形破裂过程是材料中缺陷或大量裂纹的产生、不断扩展、连通、密集及汇合，并在材料中相对弱的方向形成断裂面。而裂纹微观扩展实质上是裂纹尖端原子尺度范围内分子键依次断裂的过程。这些化学键的类型是影响裂纹扩展阻力的重要因素，键的类型主要包括化学性质的共价键及非化学键如羟基（—OH）、羰基（C＝O）、C＝C 键等分子键、离子键、共价键、EDA 键及氢键，等等，而以上这些键一旦被断开，就会在新的裂纹面之间产生相反电荷。

煤岩材料是一种非均质结构体，从矿物成分上来说，是由夹杂有不同特性的矿物杂质构成的，它们之间受范德华力的作用连接在一起，而颗粒内部受化学键的作用。从晶体尺度上分析，煤岩体裂纹扩展主要以沿晶扩展和穿晶扩展两种方式进行，沿晶扩展主要在颗粒物之间发生，范德华力的变化引起了晶粒间界电势的变化，而穿晶断裂主要破坏的是化学键及非化学键，从而产生较多的自由电荷。

6. 非平衡应力扩散下的电荷分离

煤岩体是一种多晶体材料，内部存在着大量晶粒，由于形状、大小、粗细及空间方向分布的不同，造成了煤岩体性质的迥异。任意两相邻晶粒之间的交界处称为晶粒间界，这种间界属于晶体二维面缺陷。而在这些晶体间界处通常集中存在大量杂质或杂质原子，使得间界处的性质变得较为复杂。通常情况下，造成晶体间界或相界等缺陷处组分不同于相邻侧晶粒组分的主要原因包括：①晶界面上对溶质或杂质的吸附；②晶界区域固有点阵缺陷浓度的增减变化；③晶界相偏析。实际上，晶界电势的存在是杂质晶界偏析的重要因素。当煤岩体受载破裂时，在晶体间界或相界等缺陷处会形成集中应力区，使得缺陷处的化学键发生破坏，引起此区域的电荷非均匀运移，从而产生分离电荷现象。

煤岩体材料晶体中除存在晶粒间界的面缺陷外，还存在一种线缺陷即位错。位错是晶体内部原子排列的一种特殊组态的呈现，其排列方式与完整晶格不同。对于煤岩体中存在的晶体位错，在非平衡应力作用下会沿各滑移面产生割阶，然而带电割阶在这种应力状态下，会向低应力区扩散，形成分离电荷。Egorov 和 Ivanov 等学者研究了带电位错发生横向滑移引起的电荷分离，认为与裂隙面垂直的切向应力场及裂隙边缘的非对称应力场起着重要作用。

煤岩体材料晶体中的点缺陷即间隙原子或空位，在宏观整体保持电中性的状态下，间隙原子或空位形成是成对的，其中存在的两个异号空位称为 Schottky 缺陷，由被取走离子而形成的空位和被取走离子同号的间隙原子称为 Frenkel 缺陷。在非平衡应力的作用下，这些间隙原子或空位会因浓度梯度变化而产生扩散运动，进而产生电磁辐射效应。

综上所述，电荷分离是产生电磁辐射的基础，在煤岩体破裂过程中因热电子发射、场致冷发射、电离或击穿、压电效应、摩擦效应、裂纹扩展及流动电势等原因而产生的自由电荷成为电荷分离的主要来源。

## 5.2.2 电磁辐射产生的机理与机制

通常电磁辐射的产生源较复杂，对于煤岩受载破裂过程而言，主要包括偶极振子的形成及瞬变过程，变速电荷运动，裂隙面振荡引起的能量耗散及韧致辐射等。煤岩体破裂电磁辐射的产生是以上机理综合作用的结果。

1. 应力诱导下偶极振子的形成及瞬变过程

电偶极子辐射是煤岩裂隙形成和扩展过程中较常见的辐射形式。在前人研究的基础上，何学秋、王恩元及聂百胜等进一步研究分析认为瞬变偶电子的产生是由煤岩破裂裂纹形成和扩展过程中非均匀应力应变分布所致的。前面已经论述过，煤岩体组分及结构具有非均质性，并且其内部存在各种宏细微观的缺陷，这些缺陷引起了煤岩内部不均匀的应力与应变分布，使得不同强度下的颗粒边界处形成高应力-应变区，导致裂纹扩展沿着颗粒界面进行。对于颗粒之间分子间作用力起到主要作用的力是范德华力，而分子间作用力主要由德拜诱导力、色散力及极性分子间的作用力构成，这些作用力都是电荷之间作用引起的电场作用力。由于煤岩体受载破坏多为拉张破坏形式，当煤岩体受到外部荷载时，因其内部受到非均匀应力作用，破坏了颗粒界面电平衡状态，同时在受拉界面附近积累了自由电荷，在受压的颗粒内部积累了异号电荷，从而形成运动的电偶极子群，如图5-4所示。随着不均衡应力-应变的不断变化，颗粒间的距离不断变化，导致电偶极子也不断变化，当在拉张应力作用下，裂纹沿着颗粒界面开裂瞬间，拉张应力瞬间消失应变增大，电偶极子也发生瞬变，从而形成电磁辐射。

图5-4 裂纹尖端异号电荷分布

根据电磁学，电偶极子的电偶极矩 $P$ 可简单地表示为

$$P = l \tag{5-23}$$

对于产生静电场的电偶极子中的电量 $q$，距离 $l$ 均保持不变，但是对于煤岩破裂裂纹扩展前缘的电偶极子是随时间变化的，并且距离和电量都在改变。为了便于研究，对于真空中的电偶极子的带电量设定保持不变，电荷之间的距离 $l$ 是随时间不断变换的，那么裂纹扩展过程中的电偶极子的电偶极矩可表示为

$$P(t) = ql(t) = ql(t)e_z \tag{5-24}$$

如图5-5所示，以电偶极子中负电荷（$-q$）作为坐标原点，正电荷（$+q$）在 $Z$ 轴方向做振动，真空中距离原点 $r$ 的 $D$ 点处的电偶极子电场 $E$ 及磁场 $B$ 可表示为

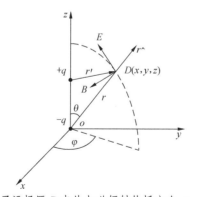

图5-5 电偶极子远场区 $D$ 点处电磁辐射传播方向 $r\hat{}$、电场 $E$ 及磁场 $B$

$$\begin{cases} E = \left[ \dfrac{c^2 q\mu_0}{2\pi r^3}(l)\cos\theta + \dfrac{cq\mu_0}{2\pi r^3}(\dot{l})\cos\theta \right] e_{r'} + \\[3mm] \qquad \left[ \dfrac{c^2 q\mu_0}{4\pi r^3}(l)\sin\theta + \dfrac{cq\mu_0}{2\pi r^2}(\dot{l})\sin\theta + \dfrac{\mu_0}{4\pi r}(\ddot{l})\sin\theta \right] e_\theta \\[3mm] B_\phi = \dfrac{q\mu_0}{4\pi r^2}(\dot{l})\sin\theta + \dfrac{q\mu_0}{4\pi cr}(\ddot{l})\sin\theta \\[3mm] B_\theta = B_r = 0 \end{cases} \tag{5-25}$$

为了进一步研究电磁辐射场，可将其分成 3 个区域，即当 $cr \ll 1$，$r \ll \lambda$ 时，为近场区；当 $cr \approx 1$，$r \approx \lambda$ 时，为中间区；当 $cr \gg 1$，$r \gg \lambda$ 时，为远场辐射区，其中 $\lambda = \dfrac{c}{f}$，$f$ 和 $\lambda$ 分别为电磁波的频率和波长。

对于近场区，电磁辐射的电场及磁场可表示为

$$\begin{cases} E_\theta = \dfrac{c^2 q \mu_0}{4\pi r^3} l(t) \sin \theta \\[2mm] E_r = \dfrac{c^2 q \mu_0}{2\pi r^3} l(t) \cos \theta \\[2mm] E_\phi = \dfrac{q \mu_0}{4\pi r^2} \dot{l}(t) \sin \theta \\[2mm] B_\phi = \dfrac{q \mu_0}{4\pi r^2} \dot{l}(t) \sin \theta \\[2mm] B_\theta = B_r = 0 \end{cases} \tag{5-26}$$

对于远场区，其辐射场占主要部分，电磁辐射的电场及磁场可表示为

$$\begin{cases} E_\theta = \dfrac{q \mu_0}{4\pi r} (\ddot{l}) \sin \theta \\[2mm] B_\phi = \dfrac{q \mu_0}{4\pi c r} (\ddot{l}) \sin \theta \\[2mm] E_r = E_\phi = 0 \\[2mm] B_\theta = B_r = 0 \end{cases} \tag{5-27}$$

分析式（5-26）、式（5-27）可知，近场区的辐射场与电荷之间的距离 $l$ 及距离的变化率 $\dot{l}$（速度）有关，远场区的辐射场与电荷之间距离的二阶导数 $\ddot{l}$（加速度）有关，并且电磁的辐射场是矢量场，其强度具有方向性。对于煤岩体破裂过程中裂纹的形成和扩展时产生的电偶极子群，其电量及距离都是随时间不断变化的，实际的辐射场强将会变得更强。

2. 裂纹扩展中变速电荷的运动机理

由裂纹微观扩展机理可知裂纹扩展是裂纹尖端原子尺度范围内分子键依次断裂的过程，也是产生自由电荷的过程，这些电荷的变速运动会随着裂纹的变速扩展而运动，进而产生电磁辐射的辐射场。

当裂纹临界扩展应力被煤岩所受载荷应力突破时，裂纹尖端的束缚电荷因能量增加，通过隧道效应、穿越势垒或在裂纹壁面高静电场作用下对气体、固体介质产生击穿及电离而对外产生电磁辐射场；此外，如果煤岩试样属于脆性试样，在裂纹扩展、贯通及破裂过程中，会产生带电荷的碎块煤岩体作变速运动向外飞溅的现象，从而产生辐射场。以上辐射场可以参照低速（$v \ll c$）电离子变速运动产生的电磁辐射场来表示：

$$\begin{cases} \vec{B} = \dfrac{q \dot{v} \times \vec{r}}{4\pi \varepsilon_0 c^3 r^2} + \dfrac{q v \times \vec{r}}{4\pi \varepsilon_0 c^2 r^3} \\[2mm] \vec{E} = \dfrac{q \vec{r}}{4\pi \varepsilon_0 r^3} + \dfrac{q \vec{r}}{4\pi \varepsilon_0 c^2 r^3} \times (\vec{r} \times \dot{v}) \end{cases} \tag{5-28}$$

式 (5-28) 中，带电粒子电场 $E$ 由两项组成，第一项为粒子自有场，分布在粒子附近，粒子静止时就为库仑场，粒子运动时可通过洛伦兹变换求得，其特点是能量与 $r^2$ 成反比；第二项为带电粒子加速时激发的辐射场，当 $r \to \infty$ 时其能量与 $r$ 的一次方成反比。当 $r \to \infty$ 时，第一项可忽略，则低速粒子加速运动后激发的电磁场可表示为

$$\begin{cases} \vec{B} = \dfrac{q}{4\pi\varepsilon_0 c^3 r} \dot{v} \times e_r \\ \vec{E} = \dfrac{q}{4\pi\varepsilon_0 c^2 r} e_r \times (e_r \times \dot{v}) \end{cases} \qquad (5-29)$$

其中，$e_r$ 为粒子辐射方向的单位矢量，如果令带电粒子的电偶极矩 $p = qx_q$，那么 $q\ddot{x}_q = q\dot{v} = \ddot{p}$，$\ddot{p}$ 为辐射时刻带电粒子的电偶极矩对时间的二阶导数，将其代入式 (5-29) 所得到的电磁辐射场强与电偶极子场强公式一致。所以，带电粒子低速运动加速时激发的场强实际上是一种电偶极子辐射。

3. 裂隙面振荡引起的能量耗散

在煤岩受载裂纹扩展过程中形成的裂纹壁面因摩擦滑动等过程带有电荷，并形成较强的电场。因此，可以将裂纹壁面之间看作煤岩介质电容器，在电容量 $C$ 及分布电感 $L$ 不断变化的情况下，会向外产生电磁辐射效应。在煤岩裂纹不断扩展过程中，裂纹之间的宽度是不断发生改变的，所以裂纹壁面震荡引起的能量耗散是能够产生电磁辐射效应的。

根据电磁物理学，裂纹壁面间的电容 $C$ 可表示为

$$C = \frac{\varepsilon_0 \varepsilon_r A}{n} \qquad (5-30)$$

式中　　$n$——壁面间距，m；

　　　　$\varepsilon_0$——真空介电常数，数值为 $8.85 \times 10^{-12}$ F/m；

　　　　$A$——壁面面积，$m^2$；

　　　　$\varepsilon_r$——壁面间电介质相对介电常数。

其中存储的能量可表示为

$$W = \frac{q^2}{2C} \qquad (5-31)$$

式中　　$q$——壁面上所带的电量，C。

可以将煤岩体及相连的裂纹壁面看成电容器电路，其中煤岩体为电阻，裂纹为电容，由于煤岩体介质本身电阻率较高，在裂纹扩展过程中，壁面随应力张开，其能量增大，随壁面合拢其能量会减少。这种随应力变化裂纹壁面闭合及张开的过程就是电磁辐射产生的过程，并且由电容表示式可知，裂纹壁面的带电量及分布、煤岩体的介电性质及裂纹壁面间的介电性质决定了其电磁辐射的强弱。

4. 韧致辐射效应引起的电磁辐射

依据电磁学及电动力学，韧致辐射效应是由于电子在高速运动的过程中轰击金属靶受到阻碍减速，导致释放出具有连续 X 射线光谱的辐射效应，其属于直线减速辐射。在煤岩体受载裂纹扩展过程中，由于分离电荷的产生在裂纹壁面上会形成较高的电场，在这种较高的电场的影响下，既会使场致电子发射或热释电子发射，又会使固体或气体介质因电离

而产生电子，受到高电场的作用在狭小的裂纹壁面间作加速运动，由于不可避免地与裂纹壁面产生碰撞而减速，所以会产生韧致辐射效应。

由于研究的是低速流电子运动，其速度 $v \ll c$，其减速时间为很短的 $\tau$，则韧致辐射的辐射场强可表示为

$$E_f(x) = \begin{cases} 0, & f\tau \gg 1 \\ \dfrac{e\mu_0}{4\pi} \times \dfrac{\exp(ikr)}{r} \times n \times n \times \Delta v, & f\tau \ll 1 \end{cases} \tag{5-32}$$

式中　$\Delta v$——在 $\tau$ 时间内粒子速度的变化量；

　　　　$k$——因子；

　　　　$f$——频率。

韧致辐射场的辐射能量，在 $f$ 频率处，单位频率间隔内能量可表示为

$$-\frac{\mathrm{d}F}{\mathrm{d}f} = \begin{cases} 0, & f\tau \gg 1 \\ \dfrac{e^2}{6\pi\varepsilon_0 c}\left(\dfrac{\Delta v}{c}\right)^2, & f\tau \ll 1 \end{cases} \tag{5-33}$$

由于存在高速运动碰撞的电子才能够产生韧致辐射效应，所以通常只有在煤岩体破裂前才有可能出现少量的韧致辐射效应。

综上所述，在煤岩体受载裂纹形成、扩展、汇集及贯通导致破裂的过程中，应力诱导下的偶极振子的形成及瞬变过程，变速电荷运动，裂隙面振荡引起的能量耗散及韧致辐射效应等的叠加综合作用导致了电磁辐射场的产生，但是对于不同的煤岩体介质及不同的应力条件下，对产生电磁辐射场的贡献不同。

## 5.3　受载煤体表面裂纹扩展速度及电磁辐射模型

在研究煤岩材料动态断裂过程中，首先对煤岩动静加载进行划分，依据 Zhang Q B 等在 2014 年按照应变率加载对岩石材料的动静加载进行的划分，即对于超高应变率加载为 $10^4 \sim 10^6/\mathrm{s}$，可以采用冲击平板实验设备来进行；对于高应变率加载为 $10^1 \sim 10^4/\mathrm{s}$，可以使用霍普金斯装置来进行；对于中等应变率加载为 $10^{-1} \sim 10^1/\mathrm{s}$，可以使用落锤或气动式压力机来进行；对于准静态应变加载率为 $10^{-5} \sim 10^{-1}/\mathrm{s}$，可以使用伺服液压机来进行；对于蠕变应变率加载为 $10^{-8} \sim 10^{-5}/\mathrm{s}$。

此次单轴压缩抗压试验是在伺服液压机上进行的，加载率根据《岩石物理力学性质试验规程　第18部分：岩石单轴抗压强度试验》（DZ/T 0276.18—2015）标准，确定应力加载速率为 0.5 MPa/s，依据实验过程中记录的应力应变数据，应变变化小于 $10^{-1}/\mathrm{min}$，可以确定实验为准静态加载。

1. 裂纹扩展速度的准静态模型

对于裂纹扩展速度的定量化研究，首先是由 Mott 根据能量守恒定律提出的，即对于含有裂纹正在扩展的无限大体，远场应力受拉应力 $\sigma$ 作用，假设介质中的裂纹扩展速度比音速在其中传播小，对于无外力做功下，裂纹的瞬时长度为 $2a$，根据能量守恒定律总能量等于动能加上弹性能的减小，加上因裂纹生成而产生的表面能，即

$$\frac{1}{2}\rho ka^2 V^2\left(\frac{\sigma}{E}\right)^2 - \frac{\pi\sigma^2 a^2}{E} + 4\gamma a = 常数 \tag{5-34}$$

式中 *V*——裂纹扩展速度；

ρ——物体的质量密度；

*a*——裂纹瞬时长度的一半；

*E*——弹性模量；

*k*——常数；

σ——远场拉应力；

γ——表面能。

Mott 基于总能量为常数，裂纹长度的导数必为 0，提出了具有争议的假设 $\dfrac{dv}{da}=0$，推导出了裂纹扩展速度方程，即

$$V = \left(\frac{2\pi}{k}\right)^{\frac{1}{2}}\left(\frac{E}{\rho}\right)^{\frac{1}{2}}\left(1-\frac{a_0}{a}\right)^2 \tag{5-35}$$

其中 $a_0$ 为 Griffth 提出的裂纹临界长度，$a_0 = \left(\dfrac{2}{\pi}\right)\left(\dfrac{\gamma E}{\sigma^2}\right)$ 作为起裂裂纹长度，由式（5-35）可以得出裂纹极限扩展速度 $V_{max} = \left(\dfrac{2\pi}{k}\right)^{\frac{1}{2}}\left(\dfrac{E}{\rho}\right)^{\frac{1}{2}}$，基于此 Mott 提出了对于非韧性材料，裂纹在均匀应力作用下的扩展速度趋向于音速在材料介质中的传播速度，并且这种速度不受外部荷载应力与裂纹面内原子聚力的影响，但是对于和裂纹极限扩展速度相关的 *k* 常数并没有明确。而且在 Mott 的著作中所得出的结论与前期假设存在争议。

20 世纪 60 年代，Brace 和 Dulaney 对 Mott 理论进行了修正，采用较为直接的方法，对 Mott 方程增加了初始条件，$a = a_0$ 时，$V = 0$，引入 Griffith 理论中的初始裂纹的定义长度，引入 $\dfrac{\pi\sigma^2 a_0}{2E}$ 消去表面能 γ，对式（5-34）中的 *V* 简单求解得出：

$$V = \left(\frac{2\pi}{k}\right)^{\frac{1}{2}}\left(\frac{E}{\rho}\right)^{\frac{1}{2}}\left(1-\frac{a_0}{a}\right) \tag{5-36}$$

引入 Roberts 及 Wells 对 *k* 常数的结果理论，将上式化简为

$$V = 0.38C_0\left(1-\frac{a_0}{a}\right) \tag{5-37}$$

其中 $C_0 = \left(\dfrac{E}{\rho}\right)^{\frac{1}{2}}$ 为一维波的传播速度，根据式（5-37）可以得出一个被广泛采用的结果，即裂纹扩展的极限速度 $V_{max} = 0.38C_0$。因为 Mott 方程存在争议的假设，式（5-37）更优于式（5-35）的 Mott 方程，但是由于 *k* 常数难以确定，引用的 Roberts 及 Wells 的结论，而这个结论也是基于有争议的假设。对于式（5-37），虽然前人实测的裂纹扩展速度与其具有一定的一致性，但偏偶然性。对于早期的裂纹扩展速度的准静态分析和研究，一般都基于等速裂纹扩展，或引用与裂纹扩展速度无关的断裂能量等假设，因此，裂纹扩展速度的准静态模型具有争议性。此实验结合高速摄影图像中 L1 支裂纹位置、瞬时远场应力下的纵波速度即 3~4 MPa 下的纵波速度，对 L1 支裂纹扩展过程中的速度进行过计算，计算结果高于实测值几个数量级，所以对于准静态加载下的裂纹扩展速度模型暂不考虑前人的准

静态分析模型。

2. 基于 I 型动态应力强度因子的单轴压缩裂纹扩展速度模型

由对此次单轴压缩裂纹扩展实验的观测及第四章裂纹扩展速度计算可知，虽然单轴压缩抗压实验是在准静态加载下进行的，但是各个阶段时期裂纹的扩展速度并不一致，而且会出现一定程度的增减趋势，也就是说单轴压缩实验中裂纹扩展呈现变速运动。Freund 及 Zhang 等在研究裂纹变速扩展时，发现裂纹尖端扩展速度的增长会导致动态应力强度因子的增大趋势，并且在线弹性经典断裂力学中，动态应力强度因子被认为是与温度、裂纹扩展速度相关的函数。由于动态应力强度因子不仅是与时间相关的函数，而且还与应力、材料本身的缺陷尺寸相关，从物理学理论上来说由于涉及非常复杂的力学问题，到目前为止，在数学上还没有形成准确、统一的解析解。

但是 Broberg 等基于无限弹性体，设定弹性体中含有的裂纹其扩展速度小于 Reyleigh 波速 $C_R$ 的情况下，提出了裂纹扩展的动态应力强度因子为普适函数与静态应力强度因子乘积的函数关系式，即

$$K^d(t) = k(v)K^d(0) \tag{5-38}$$

式中　　$K^d(t)$——$t$ 时刻的裂纹扩展速度 $v$ 是的动态应力强度因子；

　　　　$k(v)$——与裂纹扩展速度相关的，与裂纹形状无关的普适函数；

　　　　$K^d(0)$——$t = 0$ 时刻的 $K^d(t)$ 的静态值。

对于 $k(v)$ 普适函数，Rose 给出了近似计算公式：

$$\begin{cases} k(v) = \left(1 - \dfrac{v}{C_R}\right)\sqrt{1 - hv} \\ h = \dfrac{2}{C_p}\left(\dfrac{C_s}{C_R}\right)^2\left[1 - \left(\dfrac{v}{C_s}\right)\right]^2 \end{cases} \tag{5-39}$$

式中　　$C_R$——Reyleigh 波速；

　　　　$C_p$——纵波波速；

　　　　$C_s$——横波波速。

为方便计算与减小误差，依据 Achenbach 的研究，$C_R$ 的近似计算表示为

$$C_R = \left(\frac{0.86 + 1.14\mu}{1 + \mu}\right)C_s \tag{5-40}$$

因此，对于受单向均匀应力 $\sigma$ 下，无限大板含有平面裂纹长度为 $2a$，与 $\sigma$ 成 $\alpha$ 角的 I 、II 型裂纹的动态应力强度因子可表示为

$$\begin{cases} K^d_I = \sigma k_I(v)\sqrt{\pi a}\sin^2\alpha \\ K^d_{II} = \sigma k_{II}(v)\sqrt{\pi a}\cos\alpha\sin\alpha \end{cases} \tag{5-41}$$

将式（5-39）代入式（5-41）可得到动态应力强度因子的一般表达式：

$$\begin{cases} K^d_I = \sigma\left(1 - \dfrac{v}{C_R}\right)\sqrt{\pi a / \left(1 - \dfrac{v}{2C_R}\right)}\sin^2\alpha \\ K^d_{II} = \sigma k_{II}(v)\sqrt{\pi a / \left(1 - \dfrac{0.46v}{C_R}\right)}\cos\alpha\sin\alpha \end{cases} \tag{5-42}$$

结合上文单轴压缩试验中煤样的力学特征参数、声波特性参数，以及加载过程中高速

摄影图像，设定单轴压力的煤岩裂纹扩展是在受单向均匀远场应力 $\sigma$ 作用下，将表面裂纹看成是无限大板中的平面裂纹，不考虑平面多裂纹之间的相互作用情况下，对 I 型张拉性裂纹建立裂纹扩展速度与动态应力强度因子模型，即

$$K_I^d = \sigma_s \left(1 - \frac{v}{C_R}\right) \sqrt{\pi a_s \Big/ \left(1 - \frac{v}{2C_R}\right)} \sin^2\alpha \tag{5-43}$$

式中  $\sigma_s$——起始裂纹时的远场应力；

　　$a_s$——起始裂纹的半长；

　　$\alpha$——起始裂纹与远场应力之间的夹角。

建立以 $K_I^d$ 为基础的裂纹扩展速度模型的原因，是 $K_I^d$ 可以通过焦散线或电阻栅格实验来进行测定。以下是根据第 4 章中计算出的 L1、L2 及 L3 裂纹扩展速度，通过式（5-43）模型来计算的 $K_I^d$，如图 5-6 所示。由图 5-6 可以看出，由模型计算出的 3 条裂纹的动态应力强度因子 $K_I^d$ 的范围在 0.7 MPa·m$^{1/2}$ 以内，并且 $K_I^d$ 的变化趋势与裂纹扩展速度的变化趋势较为一致，关于这一点，杨立云等的研究也得出了相似结论。因此，由模型计算出的 $K_I^d$ 与裂纹扩展速度变化对比分析来看，进一步验证了模型的有效性，并且也验证了基于 Matlab 图像处理裂纹计算方法的有效性。

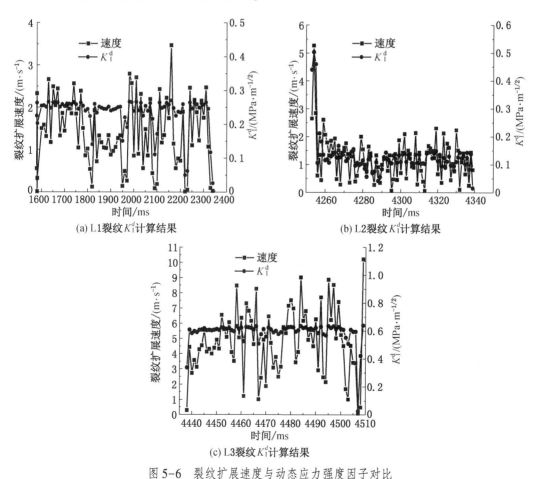

(a) L1裂纹 $K_I^d$ 计算结果

(b) L2裂纹 $K_I^d$ 计算结果

(c) L3裂纹 $K_I^d$ 计算结果

图 5-6　裂纹扩展速度与动态应力强度因子对比

由于此次实验条件不足，未能搭建单轴压缩下的煤岩表面裂纹扩展的焦散线实验系统，不能通过实验进一步来检验 $K_I^d$，只能给出模型计算结果。下面给出焦散线实验中 $K_I^d$ 的计算公式及实验各参数。依据 Kalthof 提出的焦散线实验中的动载荷复合型 $K_I^d$ 计算公式可进行焦散线裂纹尖端 $K_I^d$ 的实验计算，计算公式为

$$K_I^d = \frac{2\sqrt{2\pi}F(\upsilon)}{3cz_0 d_{\mathrm{eff}}g^{2.5}}D_{\max}^{2.5} \tag{5-44}$$

通常情况下对于具有实际意义的裂纹扩展，$F(\upsilon)$ 取值近似为 1；$c$ 为实验中实验样品的应力光学常数；$z_0$ 为参考平面到实验样品平面的距离；$d_{\mathrm{eff}}$ 为实验样品的有效厚度，针对非透明材质的试验样品，有效厚度取板厚度的 $1/2$；$g$ 为 $K_I^d$ 的实验系数，可以在文献中参考确定；$D_{\min}$ 及 $D_{\max}$ 为在裂纹扩展方向上的焦散斑最小直径及最大直径，利用以上实验参数可以通过焦散斑实验来确定不同时刻裂纹尖端的 $K_I^d$。

3. 基于 I 型动态应力强度因子的电磁辐射模型

由前面的机理可知，无论是应力诱导下偶极振子的形成及瞬变过程还是带电粒子低速运动加速时激发的场强，实际上都是一种电偶极子辐射。依据电动力学及煤岩流变电磁动力学，可以得到远场区及近场区的磁场和电场。

在近场区范围内，即观测距离 $r \ll \lambda$ 电磁辐射波长的区域，电场及磁场可表示为

$$\begin{cases} E = \dfrac{3\mu_0 p\dot{v}}{2\pi r^2}\cos\theta\sin\theta e_\phi + \dfrac{\mu_0 p\dot{v}}{2\pi r^2}(3\cos\theta^2 - 1)e_r \\[3mm] B = \dfrac{3\mu_0 p\dot{v}}{2\pi r^3}\cos\theta\sin\theta e_\phi \end{cases} \tag{5-45}$$

式中　　$\dot{v}$——煤岩裂纹扩展速度的一阶导数；

　　　　$\mu_0$——在真空的磁导率；

　　　　$p$——电偶极矩，在煤岩裂纹扩展时期内由于电荷的衰减变化较小；

　　　　$\theta$——观测位置的方位；

　　　　$r$——观测位置到场源的距离；

$e_\phi$、$e_r$——球坐标各方向的单位矢量。

在远场区范围内，即观测距离 $r \gg \lambda$ 电磁辐射波长的区域，电场及磁场可表示为

$$\begin{cases} E = \dfrac{\mu_0 p\ddot{v}}{4\pi c^2 r}\cos\theta\sin\theta e_\theta \\[3mm] B = \dfrac{\mu_0 p\ddot{v}}{4\pi cr}\cos\theta\sin\theta e_\phi \end{cases} \tag{5-46}$$

式中　$\ddot{v}$——裂纹扩展速度的二阶导数；

　　　$c$——光速的速度值；

　　　$e_\theta$——球坐标各方向的单位矢量。

将式（5-43）代入式（5-45）和式（5-46）即可得到基于 I 型动态应力强度因子的电磁辐射模型。

综上所述，由于此次实验条件不足，未能搭建单轴压缩下煤岩裂纹扩展的焦散线实验系统，只是从理论上给出了基于 I 型动态应力强度因子的裂纹扩展速度电磁辐射模型，计算了 $K_I^d$，有待于进一步搭建实验系统，利用实验数据来验证模型的有效性。

# 6 受载煤体声电效应现场应用

本章对受载煤体声电物理效应的工程应用及效果进行了探讨，介绍了声电物理效应现场监测的矿井及工作面概况，分析并制定了适合的监测及布置方案。在原有电磁辐射监测系统的基础上，增加了微震监测系统，制定了电磁辐射及微震监测的现场监测方法。在微震监测数据的基础上，基于双差速度场成像原理，建立了 N1202 工作面双差速度场成像测试基本模型。分析了采煤生产过程中及地质异常区的速度场分布演化规律，以电磁辐射监测数据与压力传感器监测数据相结合对比的方式，研究了工作面推进过程中电磁辐射与周期来压工作面液压支架阻力之间的变化规律，为煤岩动力灾害多参数综合监测提供了一定的实验及技术基础。

## 6.1 试验区域概况

潞安余吾煤业有限公司井田位于潞安矿区西部，山西沁水煤田东部中段。井田东毗邻常村井田，西接宜丰井田，北毗邻文王山南断层，南以西魏正断层为边界，总面积为 161.2 km²，东西宽为 10 km，南北长为 16 km，3 号煤为主采煤层，可采储量 685 Mt，矿井服务年限 81 a。

根据现场实际监测需要，试验工作面布置在 N1202 工作面。N1202 工作面位置及巷道布置，如图 6-1 所示。该工作面北侧为北风井西翼 2 号进回风大巷，南侧为开 N1203 开切眼进风巷，西侧为 N1201 工作面（已回采），东侧为 N1203 工作面（已回采）。工作面埋深 480~543 m，工作面回采平距 890.4 m，开切眼平距 294.6 m，进回风平巷长度分别为 1077.5 m、1033 m；高位抽放巷长度为 961 m。工作面 3 号煤为单斜构造，从西北向东南，坡度平均为+3°，容重为 1.39 t/m³。该工作面采用综采放顶煤回采工艺，顶板控制为全部垮落式。

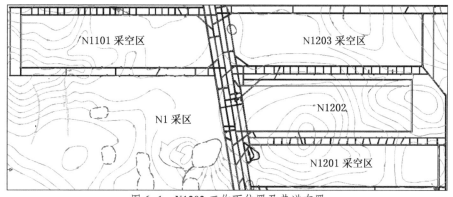

图 6-1 N1202 工作面位置及巷道布置

根据地震及揭露的实际地质资料，N1202 工作面不存在垂直断距大于 3 m 的断层和陷落柱（直径大于20m）。N1202工作面3号煤顶底板综合柱状如图6-2所示。在工作面上方20 m以内顶板有厚度为3~5 m的3层砂岩发育，普氏系数 $f=2~5$。其余为泥、砂岩互层，厚度较小；3号煤普氏系数 $f=1~3$，平均厚度为6.1 m；煤层底板有3层岩层分别为中粒砂岩–粉砂岩、泥岩、细粒–中粒砂岩，厚度分别为3.2~5.15 m、0.25~0.37 m和1.85~3.95 m，普氏系数 $f=2~5$。

| 岩石名称 | 柱状 | 累深/m | 层厚/m |
|---|---|---|---|
| 砂质泥岩 | | 502.69 | 2.1 |
| 泥质粉砂岩 | | 504.31 | 1.62 |
| 泥岩 | | 507.06 | 2.75 |
| 泥质粉砂岩 | | 510.76 | 3.7 |
| 粗粒砂岩 | | 513.85 | 3.09 |
| 中粒砂岩 | | 518.86 | 5.01 |
| 砂质泥岩 | | 520.51 | 1.65 |
| 3号煤 | | 526.85 | 6.34 |
| 泥岩 | | 527.22 | 0.37 |
| 细粒砂岩 | | 529.07 | 1.85 |
| 中粒砂岩 | | 533.02 | 3.95 |
| 粉砂质泥岩 | | 538.17 | 5.15 |

图6-2 N1202工作面3号煤顶底板综合柱状图

根据煤岩冲击倾向性鉴定，N1202 工作面煤层底板弯曲能指数为 57.68 kJ，顶板弯曲能指数为 71.33 kJ，冲击能指数为 1.35，动态破坏时间为 313 ms，单轴抗压强度平均值为 6.47 MPa，弹性能指数为 3.1，综合判定该煤层及其顶底板具有弱冲击倾向。依据以上地质勘查及相邻工作面的开采情况，N1202 工作面构造简单，工作面内断层等构造较少，工作面上方存在多组厚度、硬度不同的岩层，在采动应力和采空区高应力叠加作用下，孤岛工作面易诱发顶底板断裂型矿震，而非构造控制型。

## 6.2　受载煤体声电效应现场监测布置

### 6.2.1　微震监测系统布置

微震监测系统布置及 N1202 工作面微震传感器布置如图 6-3、图 6-4 所示，该系统采用了加拿大 ESG（Engineering Solution Group）公司生产的微震监测系统，系统构成主要包括：微震传感器、帕拉丁数字信号采集处理系统、微震 GPS 时间同步系统、光纤数据通信系统和地面数据综合处理分析系统等。

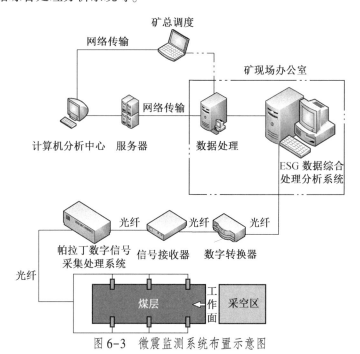

图 6-3　微震监测系统布置示意图

3 个帕拉丁数字信号采集处理系统布置在采区水泵房，1 个 ESG 数据综合处理分析系统布置在矿现场办公室，1~7 号微震传感器布置在工作面带式输送机运输巷侧的煤层和顶板的钻孔中。1~6 号微震传感器按"W"形沿倾向钻孔施工安装，角度倾斜煤层向上 30°~40°；1 号、3 号、5 号传感器距离巷底 2 m，2 号、4 号、6 号传感器距离巷底 1 m，孔深为 1.5 m；7 号传感器垂直煤层顶板钻孔施工安装，距离煤帮 1 m，孔深为 2 m，传感器走向间距为 50 m；1 号传感器距离工作面 150 m。8~13 号传感器布置在工作面回风巷侧的煤层和顶板的钻孔中；8~12 号传感器按"W"形沿倾向钻孔施工安装，角度倾斜煤层向上 30°~40°；8 号、10 号、12 号传感器距离巷底 2 m，9 号、11 号传感器距离巷底 1 m，孔深为 1.5 m；13 号传感器垂直煤层顶板钻孔施工安装，距离煤帮 1 m，孔深为 2 m；8~

10 号传感器之间走向间距为 50 m；8 号传感器距离工作面 160 m；11~12 号传感器之间走向间距为 100 m；12~13 号传感器之间走向间距为 60 m。

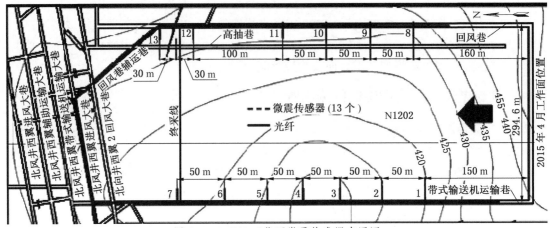

图 6-4　N1202 工作面微震传感器布置图

### 6.2.2　电磁辐射及传感器布置

1. 电磁辐射监测

井下电磁辐射监测的目的是有效监测煤岩动力灾害的预兆信息，通过尽早、有针对性地实施相应措施，有效避免各种危害。电磁辐射法监测煤岩动力灾害通常采用电磁辐射强度指标 $E$ 和脉冲数指标 $N$。

此次现场试验使用自主研发的 EME-HF 矿用本安型电磁辐射监测系统，在余吾矿 N1202 工作面进行跟踪监测，工作面压力及瓦斯传感器布置如图 6-5 所示，具体方案如下：

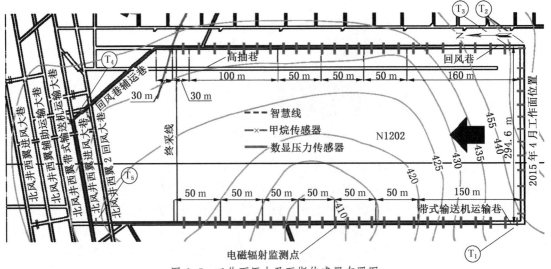

图 6-5　工作面压力及瓦斯传感器布置图

2015 年 9 月 7—21 日在以下地点进行电磁辐射监测。

（1）采煤工作面液压支架 188 架，每 20 架监测一次煤壁电磁辐射信号。

（2）工作面运输巷、回风巷从采煤工作面开始沿回采方向每 10 m 监测一次煤壁电磁辐射信号。

（3）工作面瓦斯探头处和上隅角瓦斯探头处各监测一次电磁辐射信号。

2. 压力及甲烷传感器布置

压力传感器与矿用尤洛卡综采压力自动记录仪布置位置相同，布置在工作面液压支架处，每隔一个液压支架布置一个。甲烷传感器是煤矿井下原有的瓦斯浓度传感器。

## 6.3　工作面微震规律分析

### 6.3.1　工作面微震事件

余吾矿 N1202 工作面自 2014 年 9 月正式开始回采，2015 年 4 月正式进行 ESG 系统微震监测。根据 ESG 系统微震监测的矿震资料记录，2015 年 4 月 1 日至 9 月 23 日工作面共回采进尺 345.94 m，有效监测时间 156 天。N1202 工作面共发生矿震约 28144 次，有效事件 19637 次，抛弃事件 8507 次，平均 180.4 次/日，最高 549 次/日。由表 6-1 及图 6-6、图 6-7 可以看出，工作面回采微震监测期间，矿震以释放中、高能量为主，能量为 $10^4 <$

表 6-1　N1202 工作面 156 天微震统计

| 能量分级/J | 震动次数/次 | 所占比例/% |
|---|---|---|
| $10^2 \leqslant E < 10^3$ | 22 | 0.11 |
| $10^3 \leqslant E < 10^4$ | 734 | 3.74 |
| $10^4 \leqslant E < 10^5$ | 4125 | 21.01 |
| $10^5 \leqslant E < 10^6$ | 9138 | 46.53 |
| $10^6 \leqslant E < 10^7$ | 4828 | 25.62 |
| $10^7 \leqslant E < 10^8$ | 745 | 3.95 |
| $\geqslant 10^8$ | 45 | 0.24 |

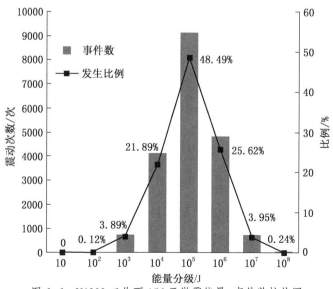

图 6-6　N1202 工作面 156 天微震能量-事件数柱状图

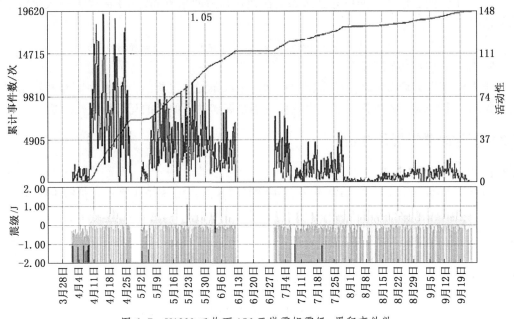

图 6-7　N1202 工作面 156 天微震矩震级-累积事件数

$E < 10^5$、$10^5 \leqslant E < 10^6$ 和 $10^6 \leqslant E < 10^7$ 的矿震次数分别占震动总次数的 21.01%、46.53% 和 24.59%。最大能量 $E = 9.89 \times 10^8$ J，发生于 2015 年 5 月 21 日，矩震级 1.05 级。

### 6.3.2　工作面微震时空演化规律

由微震时间序列分布分析（图 6-7）如下：

余吾矿微震系统运行时间为 2015 年 4 月 1 日至 9 月 23 日，总共 156 天。

监测区域内，4 月记录了 3 个相对大的事件。4 月 19 日 04:25:04 记录震级 ML = 0.80 的事件。4 月 10 日 23:48:17 记录震级 ML = 0.75 的事件。4 月 11 日 00:50:46 记录震级 ML = 0.75 的事件。

监测区域内，5 月记录的微震活动事件比 4 月明显下降，被抛弃的事件数持平。监测区域内，5 月记录了 2 个相对大的事件。5 月 21 日 21:36:31 记录震级 ML = 1.05 的事件，5 月 17 日 05:47:02 记录震级 ML = 0.85 的事件。

监测区域内，6 月记录的微震活动事件比 5 月明显下降，被抛弃的事件数持平。监测区域内，6 月记录了 3 个相对大的事件。6 月 3 日 10:12:51 记录震级 ML = 1.00 的事件。6 月 8 日 09:17:53 记录震级 ML = 0.85 的事件。6 月 1 日 18:17:44 记录震级 ML = 0.55 的事件。

监测区域内，7 月记录的微震活动事件比 6 月明显上升，被抛弃的事件数持平。监测区域内，7 月记录了 3 个相对大的事件。6 月 30 日 08:00:12 记录震级 ML = 0.70 的事件。7 月 9 日 17:27:53 记录震级 ML = 0.65 的事件。7 月 15 日 23:39:45 记录震级 ML = 0.65 的事件。

监测区域内，8 月记录的微震活动事件比 7 月明显下降，被抛弃的事件数持平。监测区域内，8 月记录了 3 个相对大的事件。8 月 21 日 08:18:03 记录震级 ML = 0.90 的事件。8 月 28 日 21:54:19 记录震级 ML = 0.90 的事件。7 月 30 日 04:34:14 记录震级 ML = 0.80

的事件。

　　监测区域内，9月记录的微震活动事件比8月明显上升，被抛弃的事件数持平。监测区域内，9月记录了3个相对大的事件。8月28日21:54:19记录震级ML=0.90的事件。8月29日01:06:12记录震级ML=0.85的事件。8月31日04:04:47记录震级ML=0.75的事件。

　　N1202工作面自2015年4月1日至9月23日平均回采345.94 m。此处仅选取回采至终采线时期震源点的时空分布情况。图6-8、图6-9给出了4—5月的分布图，由图可以看出震源点在工作面推进过程中，震源点本身也是往前推进的。

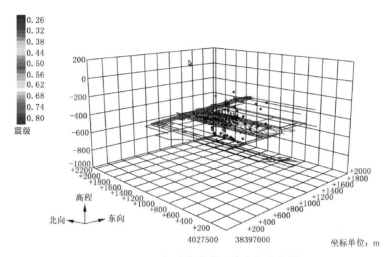

(a) 相对大事件三维空间分布图

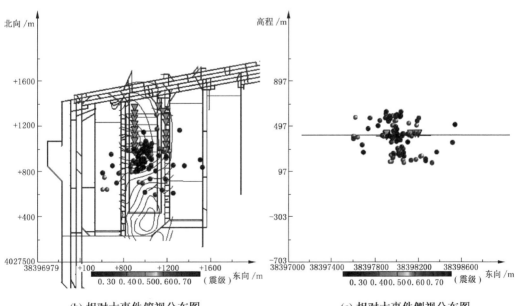

(b) 相对大事件俯视分布图　　　　　　　　　　(c) 相对大事件侧视分布图

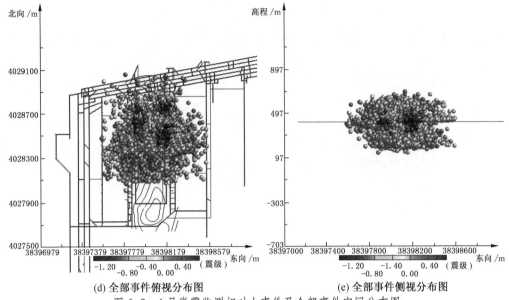

(d) 全部事件俯视分布图　　　　　　(e) 全部事件侧视分布图

图 6-8　4月微震监测相对大事件及全部事件空间分布图

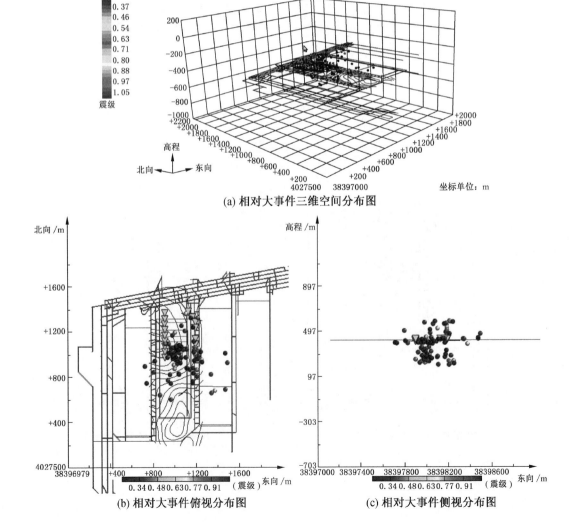

(a) 相对大事件三维空间分布图

(b) 相对大事件俯视分布图　　　　　　(c) 相对大事件侧视分布图

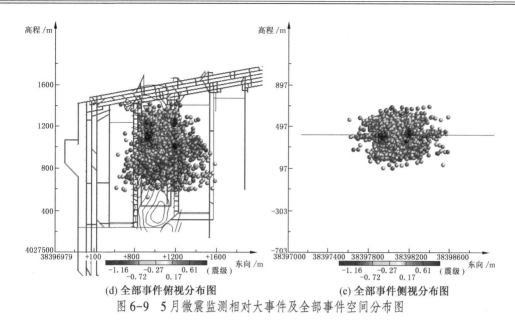

(d) 全部事件俯视分布图  (e) 全部事件侧视分布图

图 6-9  5 月微震监测相对大事件及全部事件空间分布图

### 6.3.3 双差层析速度结构模型反演

1. 双差层析基本原理

依据射线理论，从地震事件 $i$ 到地震台 $k$ 的体波到时 $t$ 能表示为

$$t_k^i = \tau^i + \int_i^k u\,\mathrm{d}s \tag{6-1}$$

式中  $\mathrm{d}s$——在射线路径上的积分微元；

$u$——慢度场；

$\tau^i$——地震事件 $i$ 的发震时刻。

由于在地震波的走时数据中，速度结构与震源参数是耦合的，一般采用泰勒展开的截断式对式（6-1）进行线性化。地震事件 $i$ 到地震台 $k$ 的走时残差 $r_k^i$ 用下述等式表达：

$$r_k^i = \sum_{l=1}^{3} \frac{\partial t_k^i}{\partial x_l^i} \Delta x_l^i + \Delta\tau^i + \int_i^k \delta u\,\mathrm{d}s \tag{6-2}$$

式中  $\delta u$——慢度扰动；

$\Delta\tau^i$——发震时间的扰动。

所以地震事件 $i$ 及 $j$ 到地震台 $k$ 的走时残差之差就表示为

$$r_k^i - r_k^j = \sum_{l=1}^{3} \frac{\partial t_k^i}{\partial x_l^i} \Delta x_l^i + \Delta\tau^i + \int_i^k \delta u\,\mathrm{d}s - \sum_{l=1}^{3} \frac{\partial t_k^j}{\partial x_l^j} \Delta x_l^j - \Delta\tau^j - \int_j^k \delta u\,\mathrm{d}s \tag{6-3}$$

假设慢度场已知，且两次地震事件距离不是太大，两次地震事件到台站的射线路径接近一致，式（6-3）就能简化为

$$\mathrm{d}r_k^{ij} = r_k^i - r_k^j = \sum_{l=1}^{3} \frac{\partial t_k^i}{\partial x_l^i} \Delta x_l^i + \Delta\tau^i - \sum_{l=1}^{3} \frac{\partial t_k^j}{\partial x_l^j} \Delta x_l^j - \Delta\tau^j \tag{6-4}$$

式中  $\mathrm{d}r_k^{ij}$——两次地震事件计算走时差与观测走时差的残差，即双差。

式（6-4）能进一步表示为

$$\mathrm{d}r_k^{ij} = r_k^i - r_k^j = (t_k^i - t_k^j)^{obs} - (t_k^i - t_k^j)^{cal} \tag{6-5}$$

式（6-4）即双差地震定位算法基本方程，当慢度场变化尺度小于地震间距离时，通过双差定位算法计算的地震事件位置有出现偏差的可能，为避免偏差，双差层析方法直接通过走时残差数据、观测走时及式（6-3）来确定地震事件的相对位置、绝对位置及速度结构。由于相邻地震事件的射线路径接近重合，式（6-3）中震源区之外能使模型不出现偏差。所以，双差层析方法采用观测走时反演震源区之外的速度结构，参照地震双差定位算法。地震双差层析方法通过采用加权距离来控制事件之间的最大间距，同时赋予小间距相邻地震事件较大权重。

对于区域不均匀结构，双差层析方法可通过 3D 节点模型来构建，即通过邻近节点速度的三次线性插值可以求得空间任一点的速度。通过采用伪弯曲射线追踪算法对台站与地震之间的射线路径进行搜索而后计算走时，通过震源区速度及射线方向对震中位置空间偏导数进行计算。对于地震位置及速度结构的同时反演，可通过一级光滑模型对速度异常进行限制。一级光滑约束模型与式（6-3）、式（6-4）共同构建线性方程组，通过正交分解最小二乘法求解。对于反演过程，通过波形互相关走时残差、计算走时残差与观测走时对数据进行估计。使用接近 hypoDD 算法的加权分级方法，在第一反演过程中，对于大尺度速度结构的构建通过对地震观测走时赋予大权重来实现的；在第二反演过程中，对于源区速度结构及地震位置的约束可通过赋予计算走时残差大权重来实现；在最后反演过程中，对于源区速度结构及地震位置的进一步约束可通过赋予波形互相关走时残差大权重进行数据估计来实现。

2. 测试基本模型的建立

通常情况下，划分较小的网格对应于较高的分辨率，但当划分的网格过小时，双差层析图像的质量也会受到影响。根据台网和地震分布特征，选择垂直、水平方向网格的划分尺寸为 1 km×1 km。模型网格节点剖分情况如图 6-10 所示，不同深度的平均速度值主要

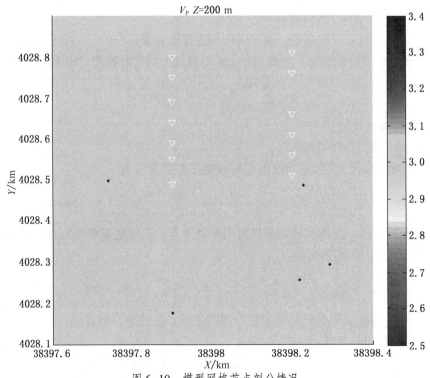

图 6-10　模型网格节点剖分情况

参考研究区域人工爆破源来校验检波器的平均速度，即 3 km/s，空间任意点速度利用附近节点的速度三次线性插值求得。

### 6.3.4  采煤过程中应力场分布演化规律

随着煤层开采的扰动，采场围岩应力重新分布，其上覆岩层的应力分布对巷道的维护、煤岩动力灾害的预防及支架的受力情况等造成直接影响。因此，采场应力分布规律是研究煤岩动力灾害的重要内容。采用现场微震监测和数值模拟方法来确定采场上覆岩层的应力分布规律。

1. 采煤过程中月累计事件数与应力场分布演化规律

在微震系统监测运行的 156 天中，按每月 6 个采煤活动周期，来进行累计事件数、震级与应力分布演化规律的研究。由于数据量较大，此次只分析 5 月、6 月和 9 月监测区域内定位分布规律及应力数值模拟分布规律。监测区域内 5 月累计相对大事件的事件数与震级在 5 月 1 日工作面，坐标 N4028416 处的累计事件、定位分布规律及应力数值模拟分布规律如图 6-11、图 6-12 所示。

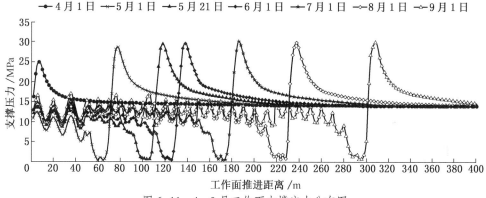

图 6-11  4—9 月工作面支撑应力分布图

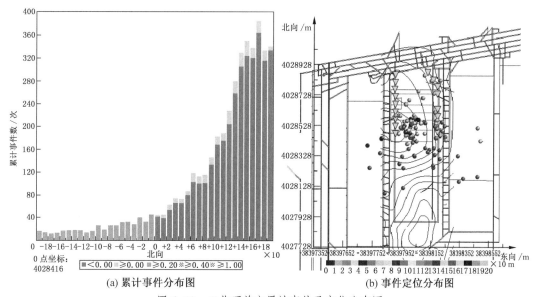

(a) 累计事件分布图          (b) 事件定位分布图

图 6-12  工作面前方累计事件及定位分布图

　　监测区域内 6 月累计相对大事件的事件数与震级在 6 月 1 日工作面，坐标 N4028486 处的累计事件、定位分布规律及应力数值模拟分布规律如图 6-11、图 6-13 所示。

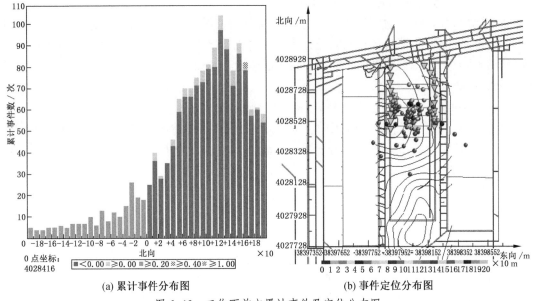

(a) 累计事件分布图　　　　　　　　　　　(b) 事件定位分布图

图 6-13　工作面前方累计事件及定位分布图

　　监测区域内 9 月累计相对大事件的事件数与震级在 9 月 1 日工作面，坐标 N4028664 处的累计事件、定位分布规律及应力数值模拟分布规律如图 6-11、图 6-14 所示。

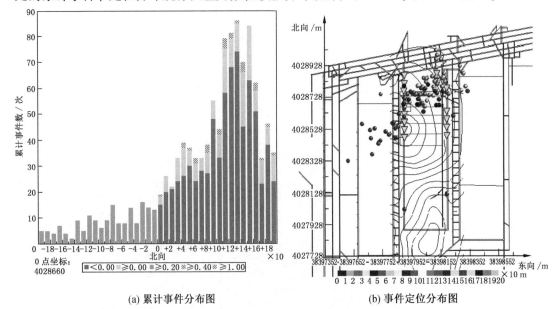

(a) 累计事件分布图　　　　　　　　　　　(b) 事件定位分布图

图 6-14　距 9 月 1 日工作面前方累计事件及定位分布图

　　由 4—9 月监测工作面前方累计事件数量与数值模拟对比来看，孤岛工作面采动扰动对工作面前方煤岩体从 60 m 开始到 160 m，扰动影响一直增加，160 m 以后逐渐趋于平稳，采空区后方距工作面 120 m 以后，应力重新平衡后趋于稳定。

2. 采煤日循环过程微震事件与双差层析速度场演化规律

监测区域内，5 月记录的微震活动事件中有 1 个相对大的事件，5 月 21 日 21:36:31:36 记录震级 ML=1.05 的事件，发生位置 N4028618.2，S38397926，H314.8。因此，以 5 月 21 日为例，研究当日采煤过程中微震事件及速度场与应力场分布规律。

1）5 月 21 日采煤过程中应力场随空间分布演化规律

5 月 21 日工作面坐标 N4018461，距 5 月 1 日工作面位置推进了 44.96m，距离 4 月 1 日工作面位置推进了 117.76 m，距离终采线 228.18 m。由图 6-15 可以看出，在工作面前方 60~160 m 区间内，微震累计事件数量较多，而且从 60 m 开始微震事件呈现上升趋势，140~150 m 处微震事件数量达到峰值后，150~160 m 范围内发生了一次大于 1.05 震级的强矿震，在采空区距离工作面 120 m 后方微震事件区域平稳，应力重新分布达到平衡后趋于稳定。

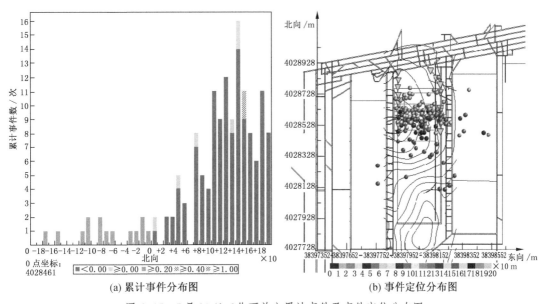

(a) 累计事件分布图　　　　　　　　(b) 事件定位分布图

图 6-15　5 月 21 日工作面前方累计事件及事件定位分布图

2）5 月 21 日采煤过程中应力场随时间分布演化规律

对 5 月 21 日采煤生产过程中，从工作面循环作业时间的微震事件分布规律和双差速度场分布云图来分析采煤过程中应力场分布演化规律。图 6-16a 给出了工作面循环作业时间小时累计的微震事件分布规律。由图 6-16a 与图 6-16b 对比可以看出，0—8 时采煤生产班期间微震事件累计数量较多；8—16 时检修班微震事件属于平静期；16—24 时采煤生产班期间微震事件累计数量开始增多。由图 6-17 可以看出，0—8 时生产班期间，受采动影响在工作面前方带式输送机运输巷附近，形成了颜色较红黄色的低速场区，在靠近回风巷附近，形成了应力集中的高速场区。这可能是由于受采动的不断影响，带式输送机运输巷附近的煤层和围岩系统其力学平衡状态被不断打破，煤岩体结构内部损伤裂纹或裂隙不断发育，回风巷附近的煤层和围岩系统受采动影响则形成了应力集中；8—16 时检修班期间，煤层及围岩系统基本没有受到采动的影响，工作面前方带式输送机运输巷和回风巷附近都形成了煤岩体结构内部损伤裂纹或裂隙不断发育的区域；16—24 时生产班期间，工作面重新组织生产，工作面前方受采动影响，重新形成集中应力高速场区和裂隙发育区。

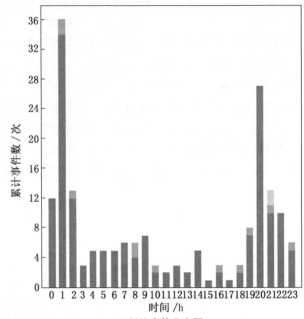

(a) 累计事件分布图

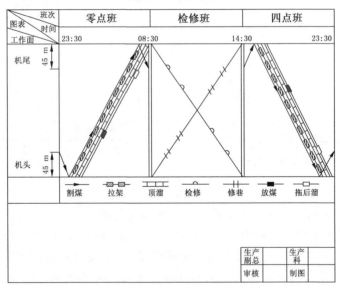

(b) 正规循环作业图

图 6-16　5 月 21 日 24 h 累计事件分布及正规循环作业图

### 6.3.5　采动影响下地质异常区域的微震信号特征

1. 地质异常区域的发生情况记录

从 2015 年 7 月 18 日，N1202 工作面 0 点班错机头开始，24 号架往机头出现石包，一直到 2015 年 8 月 13 日无底板隆起，8 月 19 日 4 点班开始到 21 日，在机头和 100~107 号架最后零散见到 300 mm 石头，总共影响回采里程为 49.16 m。底板隆起记录位置见表 6-2，7 月 19 日底板隆起地质剖面如图 6-18 所示。

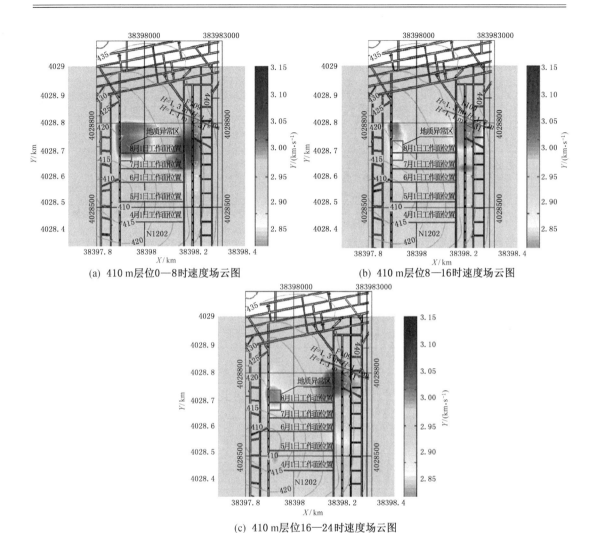

图 6-17 410 m 层位 5 月 21 日工作面循环作业双差层析速度场变化图

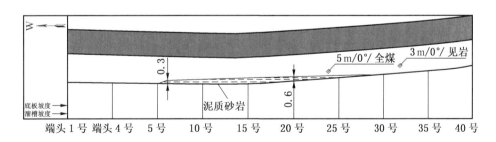

说明：

1. 截止到 2015 年 7 月 19 日 0 点班 N1202 工作面回采里程 705 m，N1202 工作面 5～25 号架发育底板隆起，5～25 号架坡底高度为 0.3～0.6 m，岩性为泥质砂岩。

2. 根据 18 日、20 日八点班钻探情况分析，隆起影响范围工作面 5～35 号架，回采至 708 m 时影响至 32 号架，影响回采里程 15 m，目前已过隆起 1.2 m，剩余 13.8 m 过完。

图 6-18 N1202 工作面 700~750 m 地质剖面图

表6-2 底板隆起记录

| 时　间 | 底鼓位置 | 厚　度 |
|---|---|---|
| 7月19日 | 排头 4—30 号架底板隆起石头 | 最厚 0.4 m |
| 7月20日 | 2—30 号架底板隆起石头 | 最厚 0.3 m |
| 7月21日 | 排头 3—26 号架底板隆起石头 | 最厚 0.6 m |
| 7月22日 | 排头 3—26 号架有底板隆起 | 最厚 0.6 m |
| 7月23日 | 排头 3—30 号架有底板隆起 | 最厚 0.6 m |
| 7月24日 | 排头 3—26 号架有底板隆起 | 最厚 0.5 m |
| 7月25日 | 排头 3—26 号架有底板隆起 | 最厚 0.6 m |
| 7月26日 | 排头 3—27 号架有底板隆起 | 0.4~0.6 m |
| 7月27日 | 排头 2—24 号架有底板隆起 | 2—17 号架, 0.5~0.6 m; 17—19 号架, 0.7~0.8 m; 19—24 号架, 0.5~0.6 m |
| 7月28日 | 排头 4—25 号架有底板隆起 | 最厚 0.5 m |
| 7月29日 | 排头 4—24 号架有底板隆起 | 最厚在 18 号架, 0.6 m |
| 7月30日 | 排头 5—25 号架有底板隆起 | 最厚在 18—20 号架, 0.5 m |
| 7月31日 | 排头 5—15 号架有底板隆起 | 0.5 m 左右 |
| 8月1日 | 排头 5—15 号架有底板隆起 | 0.5 m 左右 |
| 8月2日 | 排头 5—15 号架有底板隆起 | 0.3~0.6 m |
| 8月3日 | 排头 5—23 号架有底板隆起 | 0.3~0.6 m |
| 8月4日 | 排头 5—23 号架有底板隆起 | 0.3~0.6 m |
| 8月5日 | 排头 5—23 号架有底板隆起 | 0.3~0.6 m |
| 8月6日 | 排头 4—20 号架有底板隆起 | 0.5~0.6 m |
| 8月7日 | 排头 4—18 号架有底板隆起 | 0.5~0.6 m |
| 8月8日 | 排头 4—18 号架有底板隆起 | 0.5~0.6 m |
| 8月9日 | 排头 1—21 号架有底板隆起 | 0.4~0.5 m |
| 8月10日 | 排头 5—15 号架有底板隆起 | 0.3~0.5 m |
| 8月11日 | 排头 4—11 号架有底板隆起 | 0.3~0.5 m |
| 8月12日 | 排头 4—11 号架有底板隆起 | 0.3~0.5 m |
| 8月20日 | 排头 4—20 号架、100—107 号架 300 mm 发现石头 | 4—20 号架, 300~400 mm; 100—107 号架, 300 mm |
| 8月21日 | 排头 1—24 号架、100—107 号架 发现石头 | 1—24 号架, 200~400 mm; 100—107 号架, 300 mm |

2. 采动影响下地质异常区域的微震信号时空变化特征

初始平衡的围岩应力会受到煤层开采的扰动而被打破，导致应力重新分布，形成应力集中区，从而破坏煤层底板的稳定性。再加上采空区的形成又增加了煤层底板的承受压力，导致围岩应力发生改变，产生附加应力，使底板岩层发生破坏，如底鼓、断裂等。

在 N1202 工作面形成之前，根据三维地震、瞬变电磁及 N1202 工作面顺槽实际掘进揭露情况，在工作面回采区域内已经探测确定有异常区距开切眼 822~877 m，推断该区域可能存在小底板隆起或顶板破碎带。在工作面回采之后，2015 年 4 月 1 日至 9 月 23 日对工作面矿震监测期间，监测了 4 号地质异常底板隆起区在回采期间受采动影响的变化规律。

监测结果通过双差层析方法进行分析，具体的双差模型见 6.3.3 节，双差层析速度场反演结果如图 6-19 至图 6-21 所示。

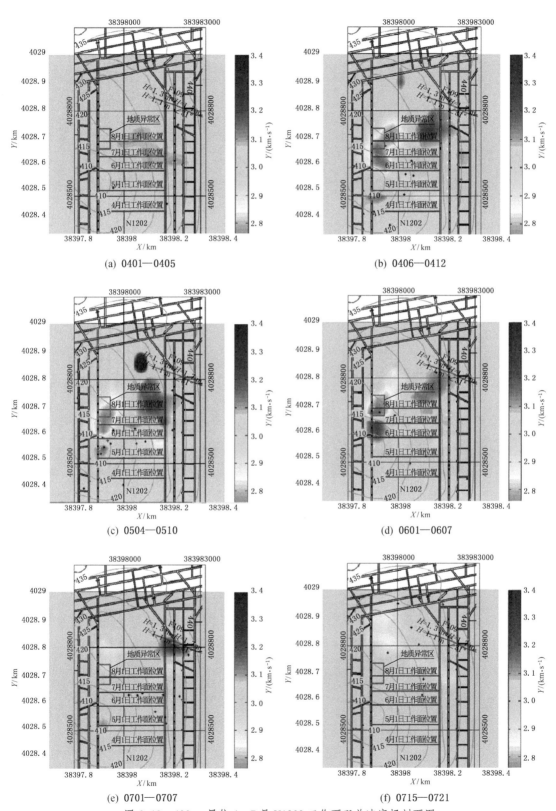

图 6-19　400 m 层位 4—7 月 N1202 工作面双差速度场剖面图

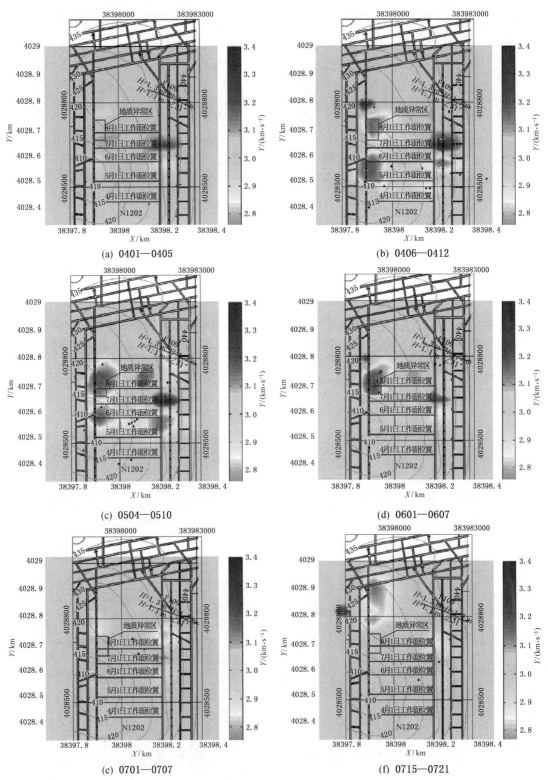

图 6-20　410 m 层位 4—7 月 N1202 工作面双差速度场剖面图

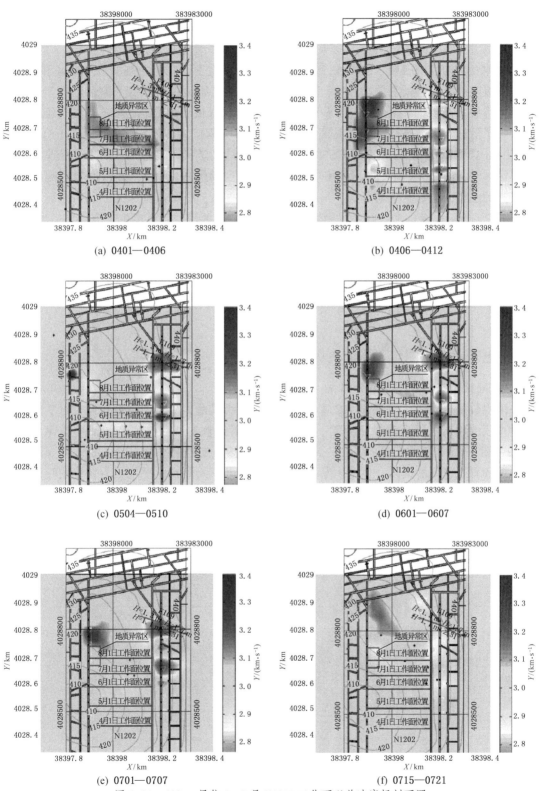

图 6-21 420 m 层位 4—7 月 N1202 工作面双差速度场剖面图

根据台网和地震分布特征，水平方向网格的划分尺寸为 1 km×1 km。不同深度的平均速度主要参考研究区域人工爆破源来校验的检波器的平均速度，即 3 km/s；深灰色区域多为速度场大于 3 km/s 的区域，多是应力集中区域；浅灰色区域为速度小于 3 km/s 的区域，也是裂隙发生的集中区域。由图 6-19 至图 6-21 可以看出，4 月 1—5 日在 400 m 和 410 m层位底板隆起区没有受到采动影响，只是在底板隆起区附近及前方 10~30 m 范围产生了应力集中现象；在 400 m 层位，4 月 6 日至 5 月 10 日在底板隆起区靠近带式输送机运输巷附近产生了低速场裂隙破坏区，并且底板隆起区裂隙不断扩大、加深，速度场进一步降低；在 410 m 煤层中间层位，在底板隆起区前后靠近带式输送机运输巷附近产生了低速场裂隙破坏区，并且底板隆起区裂隙不断扩大、加深，速度场进一步降低；6 月底板隆起区域没有扩大的趋势，但是受采动影响，出现了应力集中现象，在底板隆起区的北向出现了裂隙不断扩展现象；420 m 层位在 4 月回采期间，底板隆起区顶板附近产生了应力集中现象，5月以后集中应力区移动到底板隆起区北向；直到回采里程距开切眼 700~750 m，即 7 月 1—18 日工作面发现底板隆起，采动扰动应力对底板隆起区的顶底板影响一直很小，对底板隆起的北向的影响开始增加；从垂直层位来看，390 m 以下和 420 m 以上影响不大。4月、5 月、6 月、7 月、8 月、9 月工作面累计进尺分别为 72.8 m、69.36 m、48.88 m、54.76 m、71.72 m、28.42 m。

## 6.4 电磁辐射监测与工作面支撑压力规律分析

### 6.4.1 回采工作面支撑压力分布

采用数显压力传感器对 N1202 工作面的矿压进行观测，由于数据量较大，以 9 月工作面基本顶的周期来压活动规律为例，此次没有观测到基本顶的初次来压活动规律。由图 6-22、图 6-23 分析得出，9 月 10—20 日，工作面液压支架的平均压力均低于 32 MPa，并且矿压随着工作面的回采，也在不断变化。而且也可以大概看出平均压力变化曲线反映了周期来压的规律，即共出现了两次来压，周期来压步距分别是 7.3 m 和 8.32 m。

### 6.4.2 回采工作面煤体电磁辐射信号分布

1. 同一地点不同时间的电磁辐射信号分布

（1）由图 6-24、图 6-25 可以看出，工作面 28 号支架处，随着工作面的推进，9 月 7

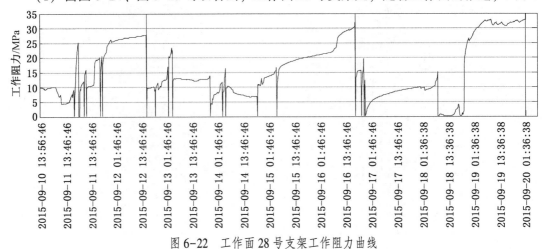

图 6-22　工作面 28 号支架工作阻力曲线

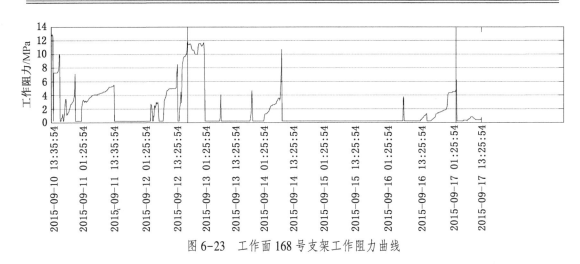

图 6-23  工作面 168 号支架工作阻力曲线

日出现 3 个电磁辐射强度超过 3 mV 的异常点，其余均在 3 mV 以下波动；9 月 10 日电磁辐射强度整体小于 3 mV，大于 2 mV；9 月 12 日电磁辐射强度整体上升，54 个点在 2.5 mV 以上，并且出现 1 个电磁辐射强度超过 3 mV 的异常点；9 月 15 日电磁辐射强度出现大的起伏，有 8 个电磁辐射强度超过 3 mV 的异常点，其中 4 个异常点的电磁辐射强度大于 4 mV；9 月 17 日电磁辐射强度起伏比较明显，6 个点的电磁辐射强度超过 3 mV，其余均在 3 mV 以下波动；9 月 21 日 2 个点的电磁辐射强度超过 3.5 mV，其余均在 3.5 mV 以下波动。

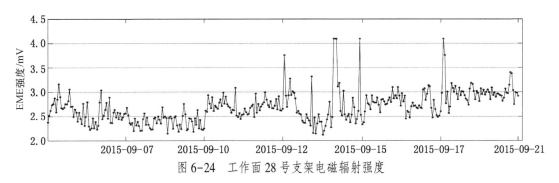

图 6-24  工作面 28 号支架电磁辐射强度

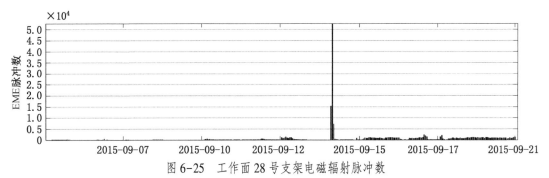

图 6-25  工作面 28 号支架电磁辐射脉冲数

（2）由图 6-26、图 6-27 可以看出，工作面 168 号支架处，9 月 7 日电磁辐射强度整体在 2.7 mV 上下波动，波动相对平稳；9 月 10 日电磁辐射强度整体平稳，在 2.7 mV 上下波动；9月12日电磁辐射强度整体在2.8 mV上下波动，有5个点的电磁辐射强度超过3 mV；9月15日电磁辐射强度整体呈持续上升趋势，有3个点的电磁辐射强度超过3 mV，整体波动相对平稳；9月17日电磁辐射强度前期出现陡升陡降，后期呈持续上升趋势，2个点的电磁辐射强度超过3 mV；9月21日电磁辐射强度前期呈持续下降趋势，后期趋于平稳，整体在3 mV以下波动。

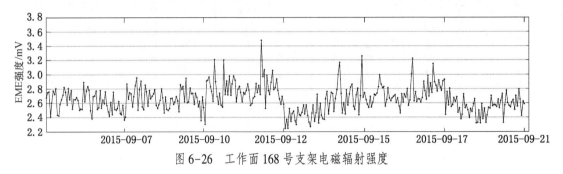

图6-26　工作面168号支架电磁辐射强度

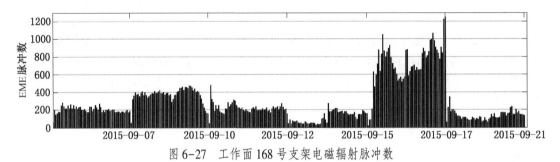

图6-27　工作面168号支架电磁辐射脉冲数

矿压监测数据显示，9月12日、15日和17日出现顶板来压，各支架前方煤体电磁辐射信号整体在9月15日、17日振荡较为剧烈，脉冲数整体较高，而且电磁辐射信号是在顶板来压之前获得的。电磁辐射信号振荡程度可以对顶板来压进行提前预警。根据N1202工作面割煤统计，9月平均回采进度为1.5 m/d，根据电磁辐射强度幅值变化整体分析，可以预先设置基本顶来压之前的电磁辐射预警值 $EC = 3$ mV。

2. 同一时间不同支架处前方煤体中电磁辐射信号分布情况

（1）由图6-28、图6-29可以看出，9月7日各支架处的电磁辐射强度在2.5~3 mV波动，整体在3.5 mV以下，信号趋于平稳。

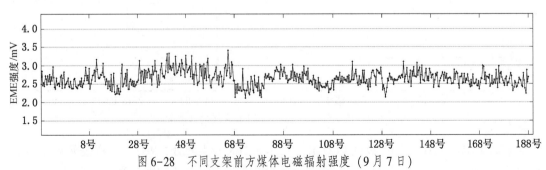

图6-28　不同支架前方煤体电磁辐射强度（9月7日）

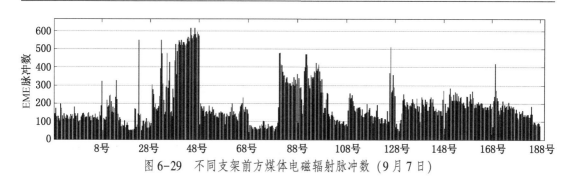

图 6-29　不同支架前方煤体电磁辐射脉冲数（9 月 7 日）

（2）由图 6-30、图 6-31 可以看出，9 月 15 日 8 号支架处大部分电磁辐射强度在 3 mV 以上，伴随有极大值持续下降至极小值，又从极小值持续上升至极大值的现象；28 号支架处大部分电磁辐射强度在 3 mV 以下，中间出现 3 次异常波动；48 号支架处电磁辐射信号前半部分出现 4 次异常波动，后半部分整体在 2.5~3 mV 波动；68 号支架处电磁辐射信号整体在 2.5~3 mV 波动，变化不太明显；88 号支架处电磁辐射信号整体有持续增长的趋势；108 号支架处电磁辐射强度在监测初期异常波动之后信号趋于平稳；128 号、148 号支架处电磁辐射强度整体在 2.5~3 mV 波动，变化不明显；168 号支架处电磁辐射强度整体呈现持续上升的趋势，有 1 次异常波动，变化明显；188 号支架处电磁辐射监测中期出现先持续上升后持续下降的现象。

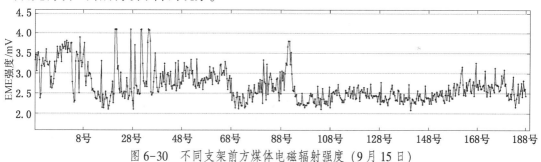

图 6-30　不同支架前方煤体电磁辐射强度（9 月 15 日）

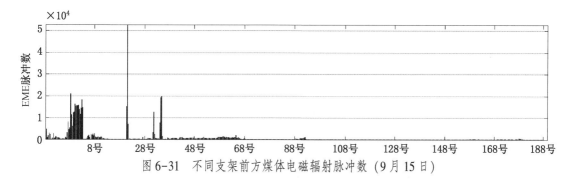

图 6-31　不同支架前方煤体电磁辐射脉冲数（9 月 15 日）

9 月 15 日电磁辐射监测时间段为 10:00~14:00，矿压监测数据显示当天 14:50 出现周期来压，可以判定 8 号~108 号支架处的电磁辐射信号变化异常现象可以作为顶板来压的前兆信息。

（3）由图 6-32、图 6-33 可以看出，9 月 17 日 8 号支架处电磁辐射强度整体在 3 mV 左右波动，有 2 个异常突变点；28 号支架处电磁辐射强度整体在 2.5~3 mV 之间波动，趋于平稳；48 号支架处电磁辐射强度先呈整体下降趋势，后期保持在 3.5 mV 左右波动；68 号支架处电磁辐射信号整体在 3 mV 左右波动，变化不明显；88 号支架处电磁辐射强度先呈现整体上升趋势，后呈整体下降趋势，变化明显；108 号支架处电磁辐射强度呈现先下降，后上升，再下降的趋势，变化明显；128 号支架处电磁辐射强度呈现先上升，后下降，再上升的趋势，整体在 3 mV 左右波动；148 号支架处电磁辐射信号监测前期呈现波动异常，后期在 3~3.5 mV 之间平稳波动；168 号支架处电磁辐射信号呈现先上升，后下降，再上升的趋势，并出现 1 个异常波动点；188 号支架处电磁辐射信号前期呈现先下降，后上升的趋势，之后出现 2 次异常波动，最后趋于平稳。

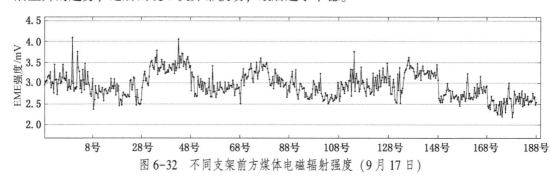

图 6-32　不同支架前方煤体电磁辐射强度（9 月 17 日）

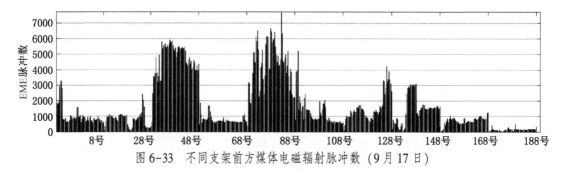

图 6-33　不同支架前方煤体电磁辐射脉冲数（9 月 17 日）

9 月 17 日电磁辐射信号监测时间段为 9∶00~10∶00，矿压监测数据显示当天 10∶50 出现周期来压，可以判定 8 号~188 号支架处的电磁辐射变化异常现象可以作为顶板来压的前兆信息。

综上分析，与矿压监测数据变化趋势对比，煤体电磁辐射信号变化可以作为顶板来压的前兆信号。通过每天的各支架前方煤体电磁辐射信号图形对比，可以看出同一时间不同液压支架处，电磁辐射强度异常变化是有次序的，顶板来压之前，电磁辐射信号异常波动从运输巷端往回风巷端依次出现，可以判定，顶板来压是沿回采工作面倾向阶段性出现的。

### 6.4.3　回采工作面回风巷近煤侧电磁辐射信号分布

（1）由图 6-34、图 6-35 可以看出，2015 年 9 月 7 日电磁辐射强度在离采煤工作面 40 m 处出现 $E_{max} > 3.6$ mV，监测时间段内信号强度呈持续上升趋势。在 10 m 处前期呈持续上升趋势，达到极大值后突然下降。各监测点的电磁辐射强度整体接近 3 mV。

（2）由图 6-36、图 6-37 可以看出，2015 年 9 月 15 日电磁辐射强度在离采煤工作面 15.6 m 处出现最大值，该处监测时间段内信号强度振荡强烈。

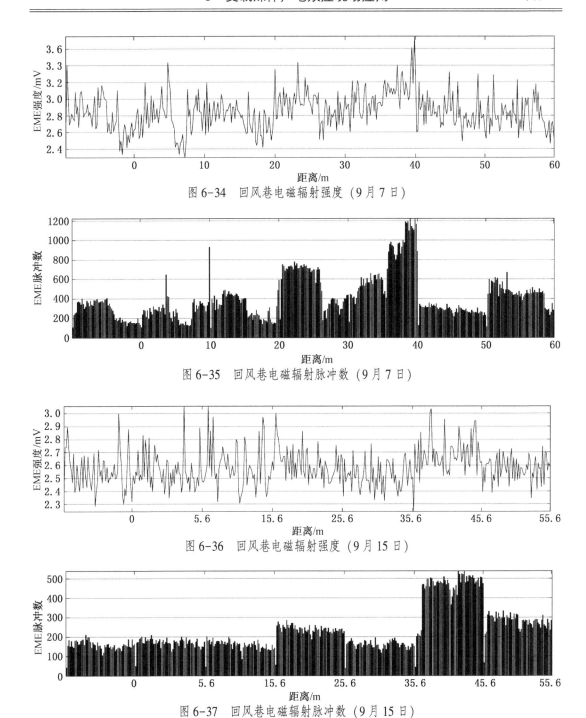

图6-34 回风巷电磁辐射强度 (9月7日)

图6-35 回风巷电磁辐射脉冲数 (9月7日)

图6-36 回风巷电磁辐射强度 (9月15日)

图6-37 回风巷电磁辐射脉冲数 (9月15日)

（3）由图6-38、图6-39可以看出，2015年9月17日电磁辐射强度在离采煤工作面 10 m 处出现超过 3.4 mV 的最大值，该处监测时间段内信号强度整体呈下降趋势。

综上分析，回风巷近煤侧各监测点的电磁辐射强度最大值出现在距离采煤工作面 10~60 m 范围内，与采煤工作面前方支撑压力区范围基本吻合。9月7日、15日、17日各测点的大部分监测信号强度超过 3 mV，根据现场观察，这3天均有顶板破碎现象。

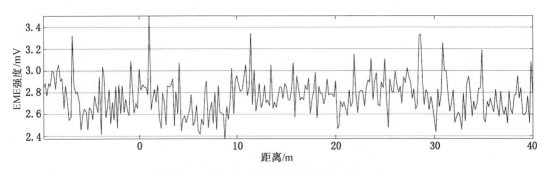

图 6-38 回风巷电磁辐射强度 (9 月 17 日)

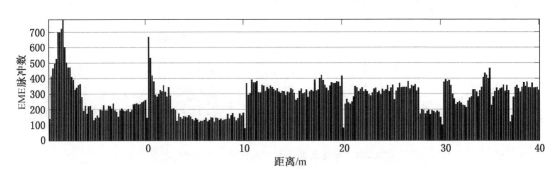

图 6-39 回风巷电磁辐射脉冲数 (9 月 17 日)

# 参 考 文 献

[1] 江绵恒. 中国能源可持续发展战略专题研究 [M]. 北京：科学出版社，2006.

[2] 李俊平. 矿山岩石力学 [M]. 北京：冶金工业出版社，2017.

[3] 蒋星星，李春香. 2013—2017 年全国煤矿事故统计分析及对策 [J]. 煤炭工程，2019，51(1)：101-105.

[4] 何学秋，王恩元，聂百胜，等. 煤岩流变电磁动力学 [M]. 北京：科学出版社，2003.

[5] 曲效成，姜福兴，于正兴，等. 基于当量钻屑法的冲击地压监测预警技术研究及应用 [J]. 岩石力学与工程学报，2011，30(11)：2346-2351.

[6] Wang G, Gong S, Li Z, et al. Evolution of stress concentration and energy release before rock bursts: two case studies from Xingan coal mine, Hegang, China [J]. Rock Mechanics and Rock Engineering, 2016, 49(8): 3393-3401.

[7] 张浪. 突出煤体变形破坏过程声发射演化特征综合分析 [J]. 煤炭学报，2018，43(S1)：130-139.

[8] Fujii Y, Ishijima Y, Deguchi G. Prediction of coal face rockbursts and microseismicity in deep longwall coal mining [J]. International Journal of Rock Mechanics and Mining Sciences, 1997, 34(1): 85-96.

[9] Chen P, Wang E Y, Chen X X, et al. Regularity and mechanism of coal resistivity response with different conductive characteristics in complete stress-strain process [J]. International Journal of Mining Science and Technology, 2015, 25(5): 779-786.

[10] 何学秋，宋大钊，柳先锋，等. 不同变质程度煤岩微表面电性特征 [J]. 煤炭学报，2018，43(9)：2367-2375.

[11] 谢和平，彭苏萍，何满潮. 深部开采基础理论与工程实践 [M]. 北京：科学出版社，2006.

[12] 窦林名，何学秋. 煤矿冲击矿压的分级预测研究 [J]. 中国矿业大学学报，2007，36(6)：717-722.

[13] Stepanov A V. Plastische Eigenschaften der Kristallen von AgCl und NaCl [J]. Physikalische Zeitschrift der Sowjetunion, 1934(6): 312.

[14] Перельман Г Я, Петрунин А М. Экстремальные подмножества в пространствах александрова и обобщенная теорема Либермана [J]. Алгебра и анализ, 1993, 5(1): 242-256.

[15] Воларович М П. Физико-химическая гидродинамика [J]. Успехи физических наук, 1953, 51(9): 155-158.

[16] Nitsan U. Electromagnetic emission acco MPanying fracture of quartz-bearing rocks [J]. Geophysical Research Letters, 1977, 4(8): 333-336.

[17] Warwick J W, Stoker C, Meyer T R. Radio emission associated with rock fracture: possible application to the great Chilean earthquake of May 22, 1960 [J]. Journal of Geophsical Research: Solid Earth (1978-2012), 1982, 87(B4): 2851-2859.

[18] 徐为民，童芜生，王自成. 单轴压缩下岩样破坏过程中的发光现象 [J]. 地震，1984(1)：8-10.

[19] 李均之，曹明，夏雅琴，等. 岩石压缩试验与震前电磁波辐射的研究 [J]. 北京工业大学学报，1982(4)：47-53.

[20] Lv X, Pan Y, Xiao X, et al. Barrier formation of micro-crack interface and piezoelectric effect in coal and rock masses [J]. International Journal of Rock Mechanics and Mining Sciences, 2013(64): 1-5.

[21] Ohnaka M. Experimental studies of stick-slip and their application to the earthquake source mechanism [J]. Journal of Physics of the Earth, 1973, 21(3): 285-303.

[22] Шевцов Г И М Н И И. Злектризция полевыых штапов при дефрмации и разрушении [J]. ДАН СССР, 1975, 225(2): 313-315.

［23］ Freund F. Time-resolved study of charge generation and propagation in igneous rocks ［J］. Journal of Geophsical Research：Solid Earth(1978—2012)，2000，105(B5)：11001-11019.

［24］ Hadjicontis V. Stress induced polarization currents and electromagnetic emission from rocks and ionic crystals，acco MPanying their deformation ［J］. Natural Hazards &Earth System Sciences，2004，4(5/6)：633-639.

［25］ 孙正江，王丽华，吴忠良. 岩石破裂过程中的低频电磁辐射 ［J］. 地震，1986(4)：1-4.

［26］ Takeuchi A，Nagahama H. Voltage changes induced by stick-slip of granites ［J］. Geophysical Research Letters，2001，28(17)：3365-3368.

［27］ 刘煌洲，刘因，金安忠，等. 岩矿石震源电磁辐射性质实验研究 ［J］. 物探与化探，1997(4)：269-276.

［28］ 陈国强. 岩石变形与电磁辐射的实验研究 ［J］. 中国地震局地质研究所，2009.

［29］ Ogawa T，Oike K，Miura T. Electromagnetic radiation from rocks ［J］. Journal of Geophysical Research Atmospheres，1985，90(D4)：6245-6250.

［30］ Toshio O，Kazuo O，Taiji M. Electromagnetic radiations from rocks ［J］. Journal of Geophysical Research，1985，90(90)：6245-6250.

［31］ O'Keefe S G，Thiel D V. A mechanism for the production of electromagnetic radiation during fracture of brittle materials ［J］. Physics of the Earth&Planetary Interiors，1995，89(1)：127-135.

［32］ Гохберг，М. Б.，Гуфельд，И. Л.，и другие. Электромагнитные эффекты при разрушении земликоры ［J］. Физика Земли，1985(1)：71-87.

［33］ 何学秋，刘明举. 含瓦斯煤岩破坏电磁动力学 ［M］. 徐州：中国矿业大学出版社，1995.

［34］ 王恩元，何学秋，李忠辉，等. 煤岩电磁辐射技术及其应用 ［M］. 北京：科学出版社，2009.

［35］ Гольд Р М，Марков П Г. идр. Импульсное элестримагни-тное излучение минералов игорных пород，поверженных механическому нагружению ［J］. Физика Земли，1975(7)：109-111.

［36］ Enomoto Y，Hashimoto H. Emission of charged particles from indentation fracture of rocks ［J］. Nature，1990(346)：641-643.

［37］ Frid V，Rabinovitch A，Bahat D. Fracture induced electromagnetic radiation ［J］. Journal of Physics D Applied Physics，2003，36(13)：1620-1628.

［38］ Мирошниченко М П，Кунксенко В С. Излучение элестром-агнитных импульсов призарождении в твердых дпэлестрик-ах ［J］. Физ. Тв. Тела，1980(22)：1531.

［39］ Cress G O，Brady B T，Rowell G A. Sources of electromagnetic radiation from fracture of rock samples in laboratory ［J］. Geophysical Research Letters，1987，14(4)：331-334.

［40］ Brady B T，Rowell G A. Laboratory Investigation of the Electrodynamics of Rock Fracture ［J］. Nature，1986，321(6069)：488-492.

［41］ 钱书清，吕智. 任克新. 地震电磁辐射前兆不同步现象物理机制的实验研究 ［J］. 地震学报，1998(5)：88-93.

［42］ Yamada I，Masuda K，Mizutani H. Electromagnetic and acoustic emission associated with rock fracture ［J］. Physics of the Earth&Planetary Interiors，1989，57(1)：157-168.

［43］ Перельман Г Я，Петрунин А М. Экстремальные подмножества впространствах александрова и обобщенная теорема Либермана ［J］. Алгебра и анализ，1993，5(1)：242-256.

［44］ 郭自强，周大庄，施行觉，等. 岩石破裂中的电子发射 ［J］. 地球物理学报，1988(5)：566-571.

［45］ 刘明举，何学秋，许考. 孔隙气体对断裂电磁辐射的影响及其机理 ［J］. 煤炭学报，2002，27(5)：483-487.

［46］ Obert L，Duvall W. Use of subaudible noises for the prediction of rock bursts ［J］. Technical Report Archive and Image Library, 1942.

[47] Kaiser, J. Knowledge and research on noise measurements during the tensile stressing of metals [J]. Archiv für das Eisenhüttenwesen, 1953(24)：43-44.

[48] Goodman R E. Subaudible noise during compression of rocks [J]. Geological Society of America Bulletin, 1963, 74(4)：487-490.

[49] Mogi J K. Study of elastic cracks caused by the fracture of heterogeneous materials and its relations to earthquake phenomena [J]. Bulletin of the Earthquake Researeh Institute, 1962(40)：125-173.

[50] Koff W C, Dunegan M A. Modulation of macrophage-mediated tumoricidal activity by neuropeptides and neurohormones [J]. Journal of Immunology, 1985, 135(1)：350-4.

[51] Holcomb D J, Costin L S. Detecting Damage Surfaces in Brittle Materials Using Acoustic Emissions [J]. Journal of Applied Mechanics, 1986, 53(3)：536-544.

[52] Rao M V M S, Ramana Y V A. Study of progressive failure of rock under cyclic loading by ultrasonic and AE monitoring techniques [J]. Rock Mechanics&Rock Engineering, 1992, 25(4)：237-251.

[53] Rudajev V, Vilhelm J, Kozák J, et al. Statistical precursors of instability of loaded rock samples based on acoustic emission [J]. International Journal of Rock Mechanics and Mining Sciences & Geomechanics Abstracts, 1996, 33(7)：743-748.

[54] Pestman B J, Munster J G V. An acoustic emission study of damage development and stress-memory effects in sandstone [J]. International Journal of Rock Mechanics&Mining sciences&Geomechanics Abstracts, 1996, 33(6)：585-593.

[55] Dai S T, Labuz J F. Damage and Failure Analysis of Brittle Materials by Acoustic Emission [J]. Journal of Materials in Civil Engineering, 1997, 9(4)：200-205.

[56] Shkuratnik V L, Filimonov I, Kuchurin S V. Experimental investingations into acoustic emission in coal samples under uniaxial loading [J]. Journal of Mining Science, 2004, 40(5)：458-464.

[57] 陈颙. 声发射技术在岩石力学研究中的应用 [J]. 地球物理学报, 1977, 20(4)：312-322.

[58] 孙重旭, 黄同华. 煤岩试样声发射活动的实验室研究 [J]. 煤矿安全, 1993(2)：4-9.

[59] 王恩元, 何学秋, 刘贞堂. 煤岩破裂声发射实验研究及 R/S 统计分析 [J]. 煤炭学报, 1999, 24(3)：270-273.

[60] 杨永杰, 陈绍杰, 韩国栋. 煤样压缩破坏过程的声发射试验 [J]. 煤炭学报, 2006, 31(5)：562-565.

[61] 张茹, 谢和平, 刘建锋, 等. 单轴多级加载岩石破坏声发射特性试验研究 [J]. 岩石力学与工程学报, 2006(12)：2584-2588.

[62] 刘保县, 黄敬林, 王泽云, 等. 单轴压缩煤岩损伤演化及声发射特征研究 [J]. 岩石力学与工程学报, 2009(S1)：3234-3238.

[63] 刘京红, 姜耀东, 祝捷, 等. 煤岩单轴压缩声发射试验分形特征分析 [J]. 北京理工大学学报, 2013, 33(4)：335-338.

[64] 金铃子. 单轴压缩下煤岩失稳声发射时间序列预测研究 [J]. 煤炭科学技术, 2018, 46(11)：36-42.

[65] Liu S M, Li X L, Li Z H, et al. Energy distribution and fractal characterization of acoustic emission (AE) during coal deformation and fracturing [J]. Measurement, 2019(136)：122-131.

[66] 代高飞, 尹光志, 皮文丽. 单轴压缩荷载下煤岩的弹脆性损伤本构模型 [J]. 同济大学学报（自然科学版）, 2004, 32(8)：986-989.

[67] 艾婷, 张茹, 刘建锋, 等. 三轴压缩煤岩破裂过程中声发射时空演化规律 [J]. 煤炭科学技术, 2018, 36(12)：2048-2057.

[68] 杨永杰, 王德超, 李博. 煤岩三轴压缩损伤破坏声发射特征 [J]. 应用基础与工程科学学报, 2015, 23(1): 127-135.

[69] 尹光志, 刘玉冰, 李铭辉. 真三轴加卸载应力路径对原煤力学特性及渗透率影响 [J]. 煤炭学报, 2018, 43(1): 131-136.

[70] Jing H W, Zhang Z Y, Xu G A. Study of electromagnetic and acoustic emission in creep experiments of water-containing rock samples [J]. Journal of China University of Mining and Technology, 2008(136): 42-45.

[71] 杨永杰, 王德超, 赵南南, 等. 煤岩蠕变声发射特征试验研究 [J]. 应用基础与工程科学学报, 2013, 21(1): 159-166.

[72] 龚囷, 李长洪, 赵奎. 红砂岩短时蠕变声发射 b 值特征 [J]. 煤炭学报, 2015, 40 (S1): 85-92.

[73] Mendeeki A J. Seismie monitoring in mines [M]. London: Chapman & Hall, 1997.

[74] 李东, 姜福兴, 王存文, 等. "见方效应" 与 "应力击穿效应" 联动致灾机理及防治技术研究 [J]. 采矿与安全工程学报, 2018, 35(5): 1014-1021.

[75] 陆菜平, 窦林名, 吴兴荣, 等. 岩体微震监测的频谱分析与信号识别 [J]. 岩土工程学报, 2005, 27(7): 772-775.

[76] 潘一山, 赵扬锋, 官福海, 等. 矿震监测定位系统的研究及应用 [J]. 岩石力学与工程学报, 2007, 26(5): 1002-1011.

[77] 陈炳瑞, 冯夏庭, 曾雄辉, 等. 深埋隧洞 TBM 掘进微震实时监测与特征分析 [J]. 岩石力学与工程学报, 2011, 30(2): 275-283.

[78] 徐奴文, 梁正召, 唐春安, 等. 基于微震监测的岩质边坡稳定性三维反馈分析 [J]. 岩石力学与工程学报, 2014(S1): 3093-3104.

[79] 唐礼忠, 杨承祥, 潘长良. 大规模深井开采微震监测系统站网布置优化 [J]. 岩石力学与工程学报, 2006, 25(10): 2036-2042.

[80] 徐为民, 童芜生, 吴培稚. 岩石破裂过程中电磁辐射的实验研究 [J]. 地球物理学报, 1985, 28(2): 181-190.

[81] 王彬. 单轴压力下岩石破裂时声发射和电磁辐射之频谱关系研究 [D]. 北京: 北京大学, 1986.

[82] 孙正江, 王丽华, 吴忠良. 岩石破裂过程中的低频电磁辐射 [J]. 地震, 1986(4): 1-4.

[83] Sobolev, G A.; Demin, V M., Time-dependent behavior of electromagnetic and acoustic emission as predictor of instability of contacts between blocks [J]. Transactions (Doklady) of the USSR Academy of Sciences: Earth Science Sections, 1988, 303(6): 37-40.

[84] Yamada I, Masuda K, Mizutani H. Electromagnetic and acoustic emission associated with rock fracture [J]. Physics of the Earth and Planetary Interiors, 1989, 57(1): 157-168.

[85] 曹惠馨, 钱书清, 吕智. 岩石破裂过程中超长波段的电、磁信号和声发射的实验研究 [J]. 地震学报, 1996, 16(2): 235-241.

[86] 郭自强, 周大庄, 施行觉, 等. 岩石破裂中的电了发射 [J]. 地球物理学报, 1988, 31(5): 566-571.

[87] 王恩元. 含瓦斯煤破裂的电磁辐射和声发射效应及其应用研究 [D]. 徐州: 中国矿业大学, 1997.

[88] Pralat A, Wojtowicz S. Electromagnetic & acoustic emission from the rock experimental measurements [J]. Acta Geodynamica ET Geomaterialia, 2004(1): 111-119.

[89] Frid V, Vozoff K. Electromagnetic radiation induced by mining rock failure [J] International Journal of Coal Geology, 2005, 64(1-2): 57-65.

[90] 撒占友, 何学秋, 王恩元. 煤岩破坏电磁辐射记忆效应特性及产生机制 [J]. 辽宁工程技术大学学报, 2005, 24(2): 153-156.

[91] Mori Y, Obata Y, Sikula J. Acoustic and electromagnetic emission from crack created in rock sample under deformation [J]. Journal of Acoustic Emission, 2009(27): 157-166.

[92] 聂百胜, 何学秋, 王恩元, 等. 煤体剪切破坏过程电磁辐射与声发射研究 [J]. 中国矿业大学学报, 2002, 31 (6): 609-611.

[93] 杨威. 煤岩变形破裂电磁和微震信号关联响应机理及特征研究 [D]. 北京: 中国矿业大学 (北京), 2013.

[94] 程志平. 电法勘探教程 [M]. 北京: 冶金工业出版社, 2007.

[95] Brach I, Giuntini J C, Zanchetta J V. Real part of the permittivity of coals and their rank [J]. Fuel 1994, 73(5): 738-9.

[96] Dindi H. Thermal and electrical property measurements for coal [J]. Fuel, 1987(68): 185-92.

[97] Lucht L M, Peppas N A, Cooper B R, et al. Chemistry and physics of coal utilization [M]. New York: Am. Inst. of Physics, 1981.

[98] Yamazaki Y. Electrical conductivity strained rocks. The First Paper: Laboratory of Experiments on Sedimentary Rocks [J]. Bulletin of the Earthquakes Research Institute, 1966, 43(4): 783-802.

[99] Parkhomenko E I, Bondarenko A T. Effect of uniaxial pressure on electrical resistivity of rocks [J]. Bulletin of the Academy of Sciences of the USSR, 1960(2): 326.

[100] Brace W F, Orange A S. Electrical resistivity changes in saturated rocks during fracture and frictional sliding. Journal Geophysical Research 1968, 73(4): 1433-1445.

[101] Gengye Chen, Yunmei Lin. Stress-strain-electrical resistance effects and associated state equations for uniaxial rock compression [J]. International Journal of Rock Mechanics&Mining Sciences, 2004(41): 223-236.

[102] Kahraman S, Alber M. Predicting the physico-mechanical properties of rocks from electrical impedance spectroscopy measurements [J]. International Journal of Rock Mechanics&Mining Sciences, 2006(43): 543-553.

[103] Paul W J, Glover, Javier B, Gomez P G, et al. Meredith. Fracturing in saturated rocks undergoing triaxial deformation using complex electrical conductivity measurements: experimental study [J]. Earth and Planetary Science Letters, 2000(5621): 201-213.

[104] 张天中, 华正兴, 徐明发. 1.2千巴围压下岩样破裂和摩擦滑动过程中电阻率变化 [J]. 地震学报, 1985, 7(4): 428-433.

[105] 陈大元, 陈峰. 岩石受压过程中 "应力反复" 对电阻率的影响 [J]. 地震学报, 1987, 9(3): 303-310.

[106] 陈峰, 安金珍. 廖椿庭. 弹性约束承载岩石电阻率变化形态研究 [J]. 北京大学学报: 自然科学版, 2002, 38(3): 427-430.

[107] 吕绍林, 何继善. 瓦斯突出煤体的介电性质研究 [J]. 世界地质, 1997, 16(4): 43-46.

[108] 李德春, 葛宝堂. 岩体破坏过程中的电阻率变化试验田 [J]. 中国矿业大学学报, 1999, 28(5): 491-493.

[109] 文光才. 无线电波透视煤层突出危险性机理的研究 [D]. 徐州: 中国矿业大学, 2003.

[110] 黄学满, 康建宁. 瓦斯气体电性参数的初步研究 [J]. 矿业安全与环保, 2005, 32(5): 1-3.

[111] 刘贞堂, 贾迎梅, 王恩元, 等. 受载煤体电阻率变化规律研究 [J]. 中国煤炭, 2008(11): 47-49.

[112] 杜云贵, 鲜学福, 任震, 等. 煤的结构模型及其电极化特征的研究 [J]. 重庆大学学报 (自然科学版), 1996, 1(1): 59-63.

[113] 汤友谊, 陈江峰, 彭立世. 无线电波坑道透视构造煤的研究 [J]. 煤炭学报, 2002, 27(3):

254-258.

[114] 王云刚, 魏建平, 刘明举. 构造软煤电性参数影响因素的分析 [J]. 煤炭科学技术, 2010, 38 (8): 77-80.

[115] 孟磊, 刘明举, 王云刚. 构造煤单轴压缩条件下电阻率变化规律的实验研究 [J]. 煤炭学报, 2010, 35(12): 2028-2032.

[116] Wang Y G, Wang E Y, Li Z H. Feasibility Study on the Prediction of Coal Bump with Electrical Resistivity Method [C]//Progress in mining science and safety technology. Beijing: Science Press, 2007: 465-472.

[117] 杨耸. 受载含瓦斯煤体电性参数的实验研究 [D]. 焦作: 河南理工大学, 2012.

[118] 陈鹏. 煤与瓦斯突出区域危险性的直流电法响应及应用研究 [D]. 徐州: 中国矿业大学, 2013.

[119] 朱飞飞. 煤岩电性参数实验及理论研究 [D]. 北京: 中国矿业大学 (北京), 2015.

[120] 李祥春, 张良, 聂百胜, 等. 不同应力和瓦斯压力下煤的相对介电常数变化规律 [J]. 矿业科学学报, 2018, 3 (4): 349-355.

[121] Griffith A A. The phenomena of rupture and flow in solids [J]. Philosophical Transactions of the Royal Society of London, Series A, 1920(221): 163-198.

[122] Irwin G R. Fracture dynamics-fracturing of metals [M]. Cleveland: Am Soc Met Publ. 1948.

[123] Rice J R, Path A. Independent Integral and the Approximate Analysis of Strain Concentration by Notches and Cracks [J]. Journal of Applied Mechanics, 1968, 35(2): 379-386.

[124] Mott N F. Fracture of metals: Theoretical Consideration [J]. Engineering, 1948(165): 16-18.

[125] Roberts D K, Wells A A, The velocity of brittle fracture [J]. Engineering, 1954(178): 820-821.

[126] Berry J P, Some kinetic considerations of the Griffith criterion for fracture [J]. Journal of the mechanics of physics and solids, 1960(8): 194-216.

[127] Kerkhof F. On Dynamic Crack Propagation [C]//Proc. lnter. Conf, 1973, 3.

[128] Freund L B. Dynamic Crack Propagatiun [J]. Proc. lnl. Conf., 1976, 553-562.

[129] Freund L B. Dynamic Fracture Mechanics [M]. Hemisphere Pub. Corp, 1990.

[130] Kostrov B V. Unsteady propagation of longitudinal shear cracks [J]. Journal of Applied Mathematics & Mechanics, 1966, 30(6): 1241-1248.

[131] Yoffe E H, The moving Griffith crack [J]. Philosophical Magazine, 1951(42): 739-750.

[132] Irwin G R, Analysis of stresses and strains near the end of a crack traversing a plate [J]. Journal of Applied Mechanics, 1957(24): 361-364.

[133] Atkinson C, Smelser R E, Sanchez J, Combined mode fracture via the cracked Brazilian disk test [J]. International Journal of Fracture, 1982(18): 279-291.

[134] Rose L R, Recent theoretical and experimental results on fast brittle fracture [J]. International Journal of Fracture, 1976(12): 799-813.

[135] Baker B R, Dynamic stresses created by a moving crack [J]. Journal of Applied Mechanics, 1962 (29): 449-458.

[136] Freund. L B, The mechanics of dynamic shear crack propagation [J]. Journal of Geophysical Research atmospheres, 1979(84): 2199-2209.

[137] Kalthoff. J. F, Milios I. The influence of dynamic eflects in i MPact loading [J]. International journal of fracture, 1981(17): 217-230.

[138] Cotterell B, Fracture propagation in organic glasses [J]. International Journal of Fracture, 1968(16): 209-217.

[139] Paxson T L, Lucan R A, An investigation of the velocity characteristics of a fixed boundary fracture mod-

el, In: G. C. Sih(Ed): dynamic crack propagation [J]. Leyden: Noordhoff International Publishing, 1973, 415-426.

[140] 李玉龙. 测定裂纹快速扩展速度的断裂丝栅法 [J]. 实验力学, 1993, 8(1): 80-85.

[141] 谢其泰. 单轴压缩下含倾斜单裂纹砂岩试件裂纹扩展量测研究 [J]. 岩土力学, 2011, 32(10): 2917-2928.

[142] Anthony S R, Chubb J P, Congleton J. The crack branching velocity [J]. Philosophical Magazine, 1970(22): 1201-1261.

[143] Hull D. Influence of stress intensity and crack speed on fracture surface topography: mirror to mist transition [J]. Journal of Materials Science, 1997(31): 1829-1841.

[144] Field J E, Brittle fracture: Its study and application [J]. Contemporary Physics, 1971(12): 131.

[145] 刘非男. 基于数字图像技术对软、硬岩石中多裂纹起裂、扩展和连接机理的研究 [D]. 重庆: 重庆大学, 2016.

[146] 刘冬梅. 蔡美峰. 岩石裂纹扩展过程的动态监测研究 [J]. 岩石力学与工程学报, 2006, 25(3): 467-472.

[147] Dally J. W., Dynamic photoelastic studies of fracture [J]. Experimental Mechanics, 1979, 19(10): 349-361.

[148] Kalthoff J F, On some current problems in experimental fracture dynamics [R]. Workshop on Dynamic Fracture, California Institute of Technology, 1983.

[149] 许鹏. 爆炸应力波与含结构面岩体的相互作用及裂纹扩展研究 [D]. 北京: 中国矿业大学 (北京), 2018.

[150] Gan H, Nandi S P. Walker L P. Nature of the porosity in American coals [J]. Fuel, 1972(51): 272-285.

[151] Radke M, Willsch H, Teichmüller M. Generation and distribution of aromatic hydrocarbons in coals of low rank [J]. Organic Geochemistry, 1990, 15(6): 539-563.

[152] 吴俊, 金奎励. 煤孔隙理论及在瓦斯突出和抽放评价中的应用 [J]. 煤炭学报, 1991, 18(3): 86-95.

[153] 郝琦. 煤的显微孔隙形态特征及其成因探讨 [J]. 煤炭学报, 1987, 12(4): 51-57.

[154] 琚宜文, 姜波, 侯泉林, 等. 华北南部构造煤纳米级孔隙结构演化特征及作用机理 [J]. 地质学报, 2005, 79(2): 269-285.

[155] 陈萍, 唐修义. 低温氮吸附法与煤中微孔隙特征的研究 [J]. 煤炭学报, 2001, 26(5): 552-556.

[156] 王恩元, 陈鹏, 李忠辉, 等. 受载煤体全应力-应变过程电阻率响应规律 [J]. 煤炭学报, 2014, 39(11): 2220-2225.

[157] Griggs D L. Handin J. Rock deformation [J]. Geological Society of America Memoir, 1960(79): 23-26.

[158] 唐春安. 岩石破裂过程中的灾变 [M]. 北京: 煤炭工业出版社, 1993.

[159] 杨明辉, 赵明华, 曹文贵. 岩石损伤软化统计本构模型参数的确定方法 [J]. 水利学报, 2005, 36(3): 345-349.

[160] 赵明阶, 吴德伦. 单轴加载条件下岩石声学参数与应力的关系研究 [J]. 岩石力学与工程学报, 1999, 18(1): 50-54.

[161] 巩思园, 窦林名, 徐晓菊, 等. 冲击倾向煤岩纵波波速与应力关系试验研究 [J]. 采矿与安全工程学报, 2012, 29(1): 67-91.

[162] 郑贵平, 赵兴东, 刘建坡, 等. 岩石加载过程声波波速变化规律实验研究 [J]. 东北大学学报

（自然科学版），2009，30（8）：1197-1200.

[163] Donoho D L. De-Noising by soft-thresholding ［J］. IEEE Trans. Informationheory，1995，41（3）：613-627.

[164] 张洪刚. 图像处理与识别 ［M］. 北京：北京邮电大学出版社，2006.

[165] 彭真明. 光电图像处理及应用 ［M］. 成都：电子科技大学出版社，2013.

[166] 薛景浩，章毓晋，林行刚. SAR 图像基于 Rayleigh 分布假设的最小误差闭值化分 ［J］. 电子科学学刊，1999，21（2）：219-225.

[167] Fineberg J，Gross S P，Marder M，et al. Instability in the propagation of fast cracks ［J］. Phys Rev B Condens Matter，1992，45（10）：5146-5154.

[168] Kumar A. The effect of stress rate and temperature on of basalt and granite ［J］. Geophysics，1968，33（3）：501-510.

[169] Grady D E，Kipp M E. Continuum modeling of explosive fracture in oil shale ［J］. International Journal of Rock Mechanics and Mining Sciences，1980，17（2）：147-157.

[170] 范天佑. 断裂动力学原理与应用 ［M］. 北京：北京理工大学出版社，2006.

[171] 曹谨言. 量子力学导论 ［M］. 北京：北京大学出版社，1998.

[172] 杨宗绵. 固体导论 ［M］. 上海：上海交通大学出版社，1993.

[173] 郭自强，杨海涛，刘斌. 花岗岩破裂发射的量子化学模型 ［J］. 地球物理学报，1990，33（4）：424-429.

[174] Russell R D. Electromagnetic responses from seismically excited targets，A：piezo-electric phenomena at Humbol，Austrilia ［J］. Exploration Geophysics，1992（23）：281-286.

[175] Maxwell M. Electromagnetic responses from seismically excited targets，B：nonpiezo-electric phenomena ［J］. Exploration Geophysics，1992（23）：201-208.

[176] 王炽仑，杨仲乐，陈以旭，等. 岩石破裂时的电磁辐射 ［J］. 地球物理学报，1992，35（增刊）：287-291.

[177] Gokhberg M B. et al. Static model of distributed emitters. In：Transactions（faoklady）of USSR Academy of Sciences ［J］. Earth Science Section. 1988，302（5）：1-3.

[178] Carpinteri A，Lacidogna G，Manuello A，et al. Mechanical and electromagnetic emissions related to stress-induced cracks ［J］. Experimental Techniques，2012，36（3）：53-64.

[179] 潘一山，唐治，李忠华，等. 不同加载速率下煤岩单轴压缩电荷感应规律研究 ［J］. 地球物理学报，2013，56（3）：1043-1048.

[180] 宋晓艳，李忠辉，王恩元. 岩石受载破坏裂纹扩展带电特性 ［J］. 煤炭学报，2016，41（8）：1941-1945.

[181] 颜莹. 固体材料界面基础 ［M］. 沈阳：东北大学出版社，2008.

[182] 孙大明，席光康. 固体的表面与界面 ［M］. 合肥：安徽教育出版社，1996.

[183] Ivanov V V，Egorov P V，Kolpakova L A. Crack dynamics and electromagnetic by loaded rock masses ［J］. Soviet Mining Science，1988，24（5）：406-412.

[184] 王蔷. 电磁场理论基础 ［M］. 北京：清华大学出版社，2001.

[185] 吴寿鍠，丁士章. 电动力学 ［M］. 西安：西安交通大学出版社，1993.

[186] Kanninen M F，Popelar C H. 洪其麟译. 高等断裂力学 ［M］. 北京：北京航空学院出版社，1987.

[187] Dulaney E N，Brace W F，Velocity behavior of a growing crack ［J］. Journal of applied physics，1960（31）：2233-2236.

[188] Rose L R F. Recent throretical and experimental results on fast britltle fracture ［J］. International journal of fracture，1976（12）：799-813.

[189] Achenbach J. Wave Propagation in Elastic Solids [M]. North-Holland, 1980.

[190] 杨立云. 岩石类材料的动态断裂与围压下爆生裂纹的实验研究 [D]. 北京: 中国矿业大学 (北京), 2011.

[191] 张世杰. 煤岩破坏电磁辐射特征及信号分析处理技术研究 [D]. 北京: 中国矿业大学 (北京), 2009.

**图书在版编目（CIP）数据**

受载煤体表面裂纹扩展与声电效应理论及实验研究/
范鹏宏著 . --北京：应急管理出版社，2021

ISBN 978-7-5020-7704-4

Ⅰ . ①受… Ⅱ . ①范… Ⅲ . ①煤岩—岩石破裂—裂纹
扩展—试验研究 ②煤岩—岩石破裂—声电效应—试验研究
Ⅳ . ①P618.11

中国版本图书馆 CIP 数据核字（2021）第 050739 号

**受载煤体表面裂纹扩展与声电效应理论及实验研究**

| | |
|---|---|
| 著　　者 | 范鹏宏 |
| 责任编辑 | 杨晓艳 |
| 责任校对 | 孔青青 |
| 封面设计 | 于春颖 |

出版发行　应急管理出版社（北京市朝阳区芍药居 35 号　100029）
电　　话　010-84657898（总编室）　010-84657880（读者服务部）
网　　址　www.cciph.com.cn
印　　刷　北京建宏印刷有限公司
经　　销　全国新华书店

开　　本　787mm×1092mm¹/₁₆　印张　10　字数　236 千字
版　　次　2021 年 5 月第 1 版　2021 年 5 月第 1 次印刷
社内编号　20200711　　　　　　　定价　39.00 元